GERHARD HÜDEPOHL

VERY LARGE TELESCOPE

Abgeschiedenheit: In einer weitgehend menschenleeren Wüste ist das Observatorium in der oberen rechten Bildecke kaum auszumachen. Das Terrain unterscheidet sich nur wenig von einer typischen Landschaft auf dem Mars.

GERHARD HÜDEPOHL

VERY LARGE TELESCOPE

25 JAHRE VLT –
EXKLUSIVE EINBLICKE
IN DAS GRÖSSTE
OBSERVATORIUM DER WELT

KOSMOS

INHALT

◀ Unter südlichen Sternen: hinter einem der vier VLT-Teleskope ragt die Milchstraße empor, rechts davon sind die Große und die Kleine Magellansche Wolke zu sehen. Aus dem Teleskop leuchtet ein Laser und erzeugt so einen künstlichen Korrekturstern zur Bildverbesserung.

Wenn abends die Sonne untergeht, sind die Teleskopgebäude bereits geöffnet und werden für die Beobachtungsnacht startklar gemacht.

Ein Teleskop während der abendlichen Vorbereitung. Durch eine Langzeitbelichtung wird die Rotation der Kuppel sichtbar. Vorne rechts befindet sich das Instrument CRIRES.

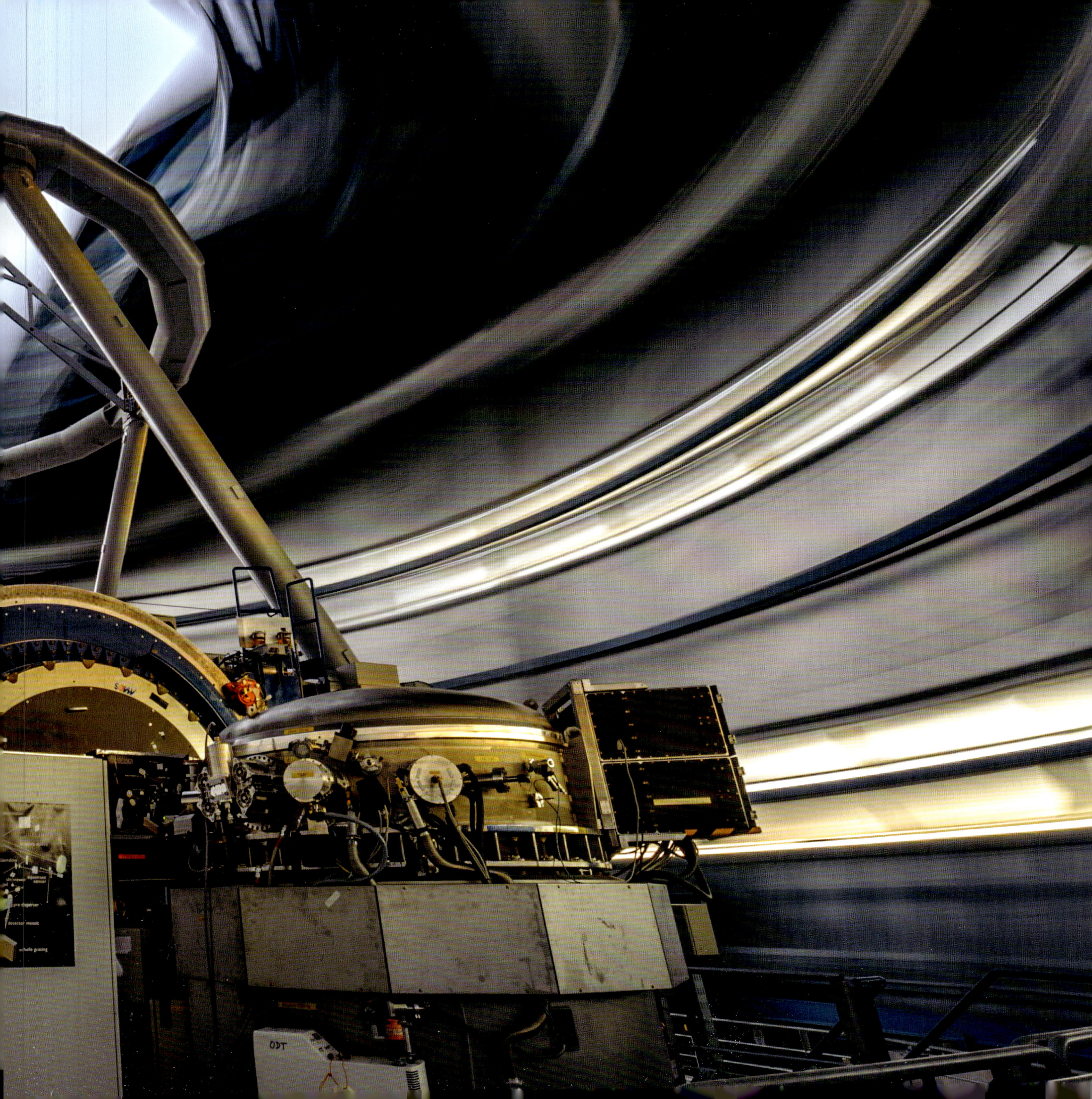
pre disperser
detector mosaic
echelle grating
ODT

Die Residencia im Licht der Abendsonne. Um diese Zeit sind die Astronomen bereits auf dem Gipfel im Kontrollraum und bereiten sich auf die kommende Nacht vor.

Nur wenige Kilometer westlich und 2600 Meter unterhalb des Cerro Paranal an der Pazifikküste. Die Feuchtigkeit des Meeres lässt hier eine hoch spezialisierte Flora mit Kakteen gedeihen.

Dem nächtlichen Besucher der Teleskop-Plattform bietet sich ein atemberaubendes Panorama aus gigantischer Technik und eindrucksvollem südlichen Sternenhimmel.

Die Sternentstehungsregion Sharpless 29 im Sternbild Schütze zeigt kosmischen Staub und Gaswolken, die das Licht junger heißer Sterne reflektieren, absorbieren und wieder abstrahlen. Das Bild wurde mit der OmegaCAM des VLT Survey Telescope (VST) aufgenommen.

DAS EUROPEAN SOUTHERN OBSERVATORY
DIE EUROPÄISCHE SÜDSTERNWARTE

Seit Galileo Galilei sein kleines Teleskop zum Himmel richtete, hat sich die astronomische Beobachtungstechnik ständig weiterentwickelt. Heute scannen Astronomen den Nachthimmel mit kolossalen Teleskopen, die viele tausendmal mehr Licht sammeln als Galileis bescheidenes Gerät. Astronomische Observatorien befinden sich an eher unwirtlichen Orten, da sie einen unberührten dunklen Himmel ohne Wolken oder Lichtverschmutzung benötigen. Bau, Betrieb und Wartung dieser Anlagen sind daher keine leichte Aufgabe. Dieses Buch gibt Ihnen einen faszinierenden Blick hinter die Kulissen einer dieser einzigartigen Einrichtungen: dem „Very Large Telescope" auf dem Cerro Paranal in Chile. Dieses Observatorium ist das Flaggschiff der Europäischen Südsternwarte (ESO).

Die ESO wurde 1962 gegründet und ist eine zwischenstaatliche Organisation, die derzeit von 16 Mitgliedsländern unterstützt wird, zusammen mit dem Gastgeberland Chile und Australien als strategischem Partner. Sie baut, entwirft und betreibt bodengestützte Observatorien, die von Astronomen weltweit genutzt werden. Die ESO hat ihren Hauptsitz in Deutschland und unterhält drei hochmoderne Einrichtungen in der Atacamawüste in Chile: La Silla, Paranal und ALMA, letztere in Partnerschaft mit dem National Radio Astronomy Observatory in den USA und dem National Astronomical Observatory of Japan. Das Paranal-Observatorium liegt auf einer Höhe von 2600 m über dem Meeresspiegel, an einem der trockensten Orte der Erde, mit mehr als 320 klaren Nächten pro Jahr. Der Cerro Paranal ist die Heimat des Very Large Telescope, das eigentlich aus vier Hauptteleskopen besteht. Jedes hat einen Hauptspiegel von 8,2 Meter Durchmesser und ist mit bis zu drei Instrumenten ausgestattet, die Licht bei unterschiedlichen Wellenlängen und mit verschiedenen Techniken registrieren. Dies macht das VLT zu einer unglaublich vielseitigen und produktiven Einrichtung, mit der Astronomen alle möglichen astronomischen Objekte untersuchen, von fernen Galaxien bis hin zu Planeten in unserem eigenen Sonnensystem.

Meistens arbeiten die vier Hauptteleskope eigenständig, wobei jedes auf ein anderes Himmelsobjekt gerichtet wird. Aber das VLT kann auch das Licht mehrerer Teleskope kombinieren und so ein riesiges „virtuelles" Teleskop schaffen, das winzige Details auflösen kann, die sonst außerhalb der Reichweite eines einzelnen Teleskops liegen. Dies geschieht mit dem sogenannten VLT-Interferometer, das das Licht entweder der großen Hauptteleskope oder der vier auf Schienen verschiebbaren Hilfsteleskope mit einem Spiegeldurchmesser von jeweils 1,8 Meter kombinieren kann.

Ähnlich wie es Teleskope Astronomen ermöglichen, in die Vergangenheit zu schauen, bietet Ihnen dieses Buch einen einzigartigen Blick darauf, wie das Paranal-Observatorium entstanden ist. Gerhard Hüdepohl kam 1995 als Elektroingenieur zur ESO – zu einer Zeit, als die Teleskope noch im Bau waren. Er hat unzählige Tage und Nächte vor Ort verbracht und im Laufe der Jahre eine beispiellose fotografische Dokumentation der Geschichte des Observatoriums erstellt. Durch Hüdepohls scharfes fotografisches Auge werden Sie auf den folgenden Seiten Zeuge, wie die Teleskope am Paranal von Grund auf errichtet wurden. Begleiten Sie Ingenieure und Astronomen bei der Arbeit mit diesen präzisen Maschinen und entdecken Sie, wie der Alltag an einem professionellen Observatorium abläuft. Darüber hinaus erleben Sie den unvergleichlichen Nachthimmel der Atacamawüste, lernen die karge Schönheit dieser Landschaft kennen und entdecken sogar einige ihrer seltenen und an die extremen Lebensbedingungen angepassten Lebewesen.

Schließlich bietet Ihnen dieses Buch noch einen Ausblick zum Extremely Large Telescope der ESO, das derzeit auf dem Cerro Armazones, 20 km östlich von Paranal, gebaut wird. Mit seinem 39-m-Spiegel wird es nach der Fertigstellung das größte optische Teleskop der Welt sein. Es wird 15-mal mehr Licht sammeln als die größten derzeit in Betrieb befindlichen optischen Teleskope und Bilder liefern, die 15-mal schärfer sind als die des Hubble-Weltraumteleskops. Durch seine enorme Größe und in Kombination mit hochmodernen Instrumenten wird uns das ELT ermöglichen, erdähnliche Exoplaneten in der bewohnbaren Zone ihrer Wirtssterne direkt zu beobachten, Zeuge der Entstehung der ersten Galaxien zu werden, die Natur der Dunklen Materie und der Dunklen Energie zu verstehen, sowie viele weitere wissenschaftliche Themen zu erforschen.

Lehnen Sie sich nun zurück, entspannen Sie sich und machen Sie sich bereit, die Vergangenheit, Gegenwart und Zukunft des Paranal-Observatoriums der ESO durch die Augen von Gerhard Hüdepohl kennenzulernen. ■

ZUM GELEIT

Gerhard Hüdepohl, Ingenieur und Fotograf, zeigt in diesem Bildband, wie das Very Large Telescope (VLT) gebaut wurde und seit 25 Jahren von der Europäischen Südsternwarte (ESO) betrieben wird. Als ehemaliger Gruppenleiter des Bereichs Elektronik am Paranal-Observatorium weiß er sehr gut über Vergangenheit und Gegenwart der Teleskope Bescheid, da er selbst Teil der Geschichte des Observatoriums ist.

Teleskope und Instrumente sind „perfekte Maschinen", die die Wissenschaft braucht, um das Universum zu beobachten und besser zu verstehen. Das VLT ist tatsächlich das weltweit führende optische Teleskop. Es hat viele revolutionäre Entdeckungen ermöglicht: Zum Beispiel wurde das erste Bild eines Exoplaneten mit dem VLT aufgenommen. Die Bewegung des Sterns S2 um das Schwarze Loch im Zentrum der Milchstraße konnte genau vermessen werden, womit Einsteins Allgemeine Relativitätstheorie abermals bestätigt werden konnte. Und ebenso hat das VLT zum ersten Mal das Licht einer Gravitationswellenquelle eingefangen.

Perfekte Maschinen an einem perfekten Standort: Der Cerro Paranal ist ein rund 2650 Meter hoher Berg zwischen dem Pazifischen Ozean und den chilenischen Anden. Mit dem VLT können unsere Teams das Universum in mehr als 90 % der Nächte beobachten. Die klare Atmosphäre, der dunkle Himmel mitten in der Wüste und die Arbeit der Kolleginnen und Kollegen der ESO machen das VLT zum produktivsten Teleskop der Welt.

Die Aufnahmen in diesem Buch lassen 25 Jahre des Very Large Telescope Revue passieren und zeigen sogar den Baubeginn des neuen Giganten der Zukunft – dem Extremely Large Telescope (ELT). Der Band dreht sich hauptsächlich um die Technologie dieser Maschinen: Hüdepohl erklärt, wie und warum die Teleskope und ihre Instrumente funktionieren. Er zeigt uns aber auch einige der beeindruckendsten astronomischen Bilder, die mit dem VLT aufgenommen wurden.

Das Buch geht auch auf die Landschaft der wunderbaren Atacamawüste im Norden von Chile ein. Hüdepohl hat Blumen, Tiere, Berge, Wetterphänomene und Menschen fotografiert. Mit diesem Buch teilt er mit uns seine Liebe zur Natur und auch die Zeit mit seinen Kolleginnen und Kollegen im Paranal-Observatorium. Sein Buch erzählt eine Geschichte von der Natur in der Atacamawüste und ihrem Sternenhimmel, verbunden durch Mensch und Technik.

Ich lade Sie ein, diese außergewöhnliche Kombination aus einzigartigen Bildern, spannenden Erklärungen und persönlichen Erlebnissen zu genießen, die uns die Wüste, der Himmel, die Technik, die Wissenschaft und auch der Mensch liefern.

Prof. Xavier Barcons
Generaldirektor der ESO

VORWORT

Während meiner fast 25-jährigen Tätigkeit als Ingenieur am Paranal-Observatorium in der chilenischen Atacamawüste hatte ich die außergewöhnliche Gelegenheit, bei vielen entscheidenden, spannenden und seltenen Ereignissen unmittelbar dabei zu sein.

Die Ankunft des ersten 8-Meter-Riesenspiegels auf dem Berg, besondere wissenschaftliche Beobachtungen, seltene Wettersituationen, komplexe Wartungsarbeiten, die Installation von neuen Instrumenten, der erste Laser, Besuche von prominenten Persönlichkeiten und nicht zuletzt der wunderbare Nachthimmel der Atacama sind nur einige der denkwürdigen Augenblicke, die ich hautnah miterlebt habe und oft mit meiner Kamera einfangen konnte.

So ist im Laufe der Jahre ein riesiges Fotoarchiv entstanden. Darunter sind auch historische Fotos, die noch auf Film aufgenommen wurden. In diesem Bildband habe ich eine Auswahl der besten und interessantesten Aufnahmen zu verschiedenen Themen zusammengestellt, wie es sie so bisher noch nicht gab. Viele der Fotos werden hier erstmals veröffentlicht. Der Leser bekommt einen einmaligen Insider-Einblick in die Technik sowie das Leben und Arbeiten der Menschen an einer modernen Großsternwarte, die sich zudem in einer entlegenen exotischen Wüstenlandschaft befindet.

Die ESO (European Southern Observatory) ist eine internationale Organisation und die offizielle Sprache an den ESO-Observatorien ist Englisch. Daher werden sehr viele englische Fachbegriffe benutzt, für die es manchmal keine richtige deutsche Übersetzung gibt. Im Buch sind viele dieser Begriffe entweder gar nicht oder nur so gut wie möglich übersetzt.

Wenn ich im Folgenden von Astronomen und Ingenieuren und anderen Menschen spreche, so meine ich selbstverständlich immer auch Astronominnen und Ingenieurinnen. Um die Texte, die zum Teil schon nicht ganz einfach zu verstehen sind, doch übersichtlich und leserlich zu gestalten, habe ich auf das Gendern verzichtet. Man möge mir das bitte nachsehen. Kommen Sie mit auf die spannende Reise in eine andere Welt!

Santiago de Chile, im Juni 2023
Gerhard Hüdepohl

► Astronomen und Ingenieure treffen sich abends auf der Plattform, um bei einem Plausch den Sonnenuntergang zu genießen. Und einige warten dabei auf den berühmten „Green Flash“ der untergehenden Sonne.

Antofagasta
Paposo
Paranal

EINLEITUNG

In den letzten Jahrzehnten hat die Astronomie ungeahnte Fortschritte gemacht und sorgt in regelmäßigen Abständen mit spektakulären Neuigkeiten für Schlagzeilen. Mehrere Physiknobelpreise wurden in diesem Zusammenhang unlängst an Astrophysiker verliehen. Bücher, welche die erzielten Forschungsergebnisse verständlich erklären und in Bildern anschaulich machen, gibt es viele. Aber wo werden die für diese Forschung benötigten Beobachtungen des Universums eigentlich durchgeführt? Wie sehen die Superteleskope und Riesenkameras aus, die dafür im Einsatz sind? Eine der bedeutendsten Einrichtungen, in der solche wissenschaftlichen Daten gewonnen werden, ist das Very Large Telescope auf dem fernen Berg Paranal in Chile.

Das Paranal-Observatorium ist eine der größten und fortschrittlichsten Sternwarten der Welt. Es steht auf einem 2635 Meter hohen Berg an einem der trockensten Orte der Erde, der Atacamawüste. Die nächste Stadt ist 130 Straßenkilometer weit entfernt. Falls Sie sich jemals gefragt haben, wie eine solche Hightech-Sternwarte aussieht, wie sie funktioniert und betrieben wird, wenn Sie einmal hinter die Kulissen schauen möchten, was dort los ist, dann ist dieses Buch genau das Richtige für Sie. Sie erfahren aus erster Hand, was die Menschen an diesem extremen Ort so tun, was nachts an den Teleskopen geschieht, wie die riesigen Spiegel gewartet werden und was es in der Wüste rund um das Observatorium sonst noch Ungewöhnliches zu entdecken gibt. Und noch einige weitere Überraschungen hält dieses Buch bereit.

Im Jahr 1991 wurde die Kuppe des Bergs Paranal gesprengt und eingeebnet, um eine Plattform für die neuen Teleskope zu schaffen. 1998 konnte das erste der vier Teleskope zum ersten Mal auf einen fernen Stern ausgerichtet werden. 25 Jahre sind seitdem vergangen, Anlass genug für eine visuelle Reise in eine der bedeutendsten und modernsten Wissenschaftseinrichtungen unserer Zeit. Machen wir uns auf, eine unbekannte Welt faszinierender Technik in einer der extremsten Landschaften der Erde zu entdecken. ■

◀ Fährt man von der Hafenstadt Antofagasta auf der legendären Schnellstraße Panamericana in Richtung Süden, so erreicht man nach 130 km Wüstenfahrt das Observatorium auf dem Paranal.

LIMA
Callao
Huancayo
Ayacucho
Pisco
Ica
Cuzco
Juliaca
Puno
Arequipa
Tacna
Arica
Iquique
PERU
BOLIVIA
La Paz
El Alto
Cochabamba
Oruro
Sucre
Potosí
Tarija
SANTA CRUZ DE LA SIERRA
Llanos de Chiquitos
Salar de Uyuni
Trinidad
Corumbá
Cuiabá
Mato Grosso
Pantanal
Campo Grande
PARAGUAY
GOIÂNIA
BRASÍLIA
Uberlândia
CAMPINAS
SÃO PAULO
Maringá
Londrina
Dourados
Tocopilla
Calama
Chuquicamata
Antofagasta
Taltal
Chañaral
Copiapó
Vallenar
La Serena
Coquimbo
Ovalle
Viña del Mar
Valparaíso
SANTIAGO
San Antonio
Rancagua
Curicó
Talca
Linares
Chillán
Talcahuano
Concepción
Los Angeles
Temuco
Valdivia
Osorno
Puerto Montt
San Carlos de Bariloche
Isla Robinsón Crusoe
Arch. Juan Fernández
(Chile)
Isla Mocha
Salta
San Salvador de Jujuy
San Miguel de Tucumán
Santiago del Estero
La Rioja
San Fernando del Valle de Catamarca
CÓRDOBA
San Juan
Mendoza
San Luis
Río Cuarto
Villa Mercedes
San Rafael
Neuquén
Viedma
ARGENTINA
CHILE
ANDES
400 km
0
100 km
Caleta Punta Arenas
Punta Arenas
Kap Papuica
Mejillones
Península Mejillones
Punta Angamos
María Elena
Sierra Gorda
Baquedano
Flor del Desierto
La Negra
Palestina
Aguas Blancas
El Cobre
Paposo
Cerro Paranal
Cerro Armazones
2635
3046
Oficina Alemania
Catalina
Santa Luisa
Cifuncho
Punta Ballenita
Planta Esmeralda
NP Pan de Azúcar
Punta Animas
El Salado
Diego de Almagro
Finca de Chañaral
Montandon
San Pedro de Atacama
Observatorios del Llano de Chajnantor
Salar de Atacama
Toconao
Socaire
Monturaquí
Socompa
Salar Punta Negra
NP Llullaillaco
Tilopozo
Tilomonte
Cerro Pingo Pingo
3744
Llano del Quimal
Cerro del Quimal
4278
Chiu Chiu
Ascotán
Conchi
Cerro Tolar
Toco
Cordillera de Domeyko
NP Santa de Ayes Laguna Colorada
Purinas
Salar de Arizaro
Antofagasta de la Sierra
Sierra de Calalaste

▲ Während einer Wartungsmission im All hat der Astronaut Claude Nicollier dieses geniale Foto des über der Atacamawüste schwebenden Hubble-Teleskops geschossen. Man sieht deutlich die Wolkenschicht über dem Pazifik, während die Wüste völlig wolkenfrei ist. Etwa in der Mitte ist die ambossförmige Halbinsel von Antofagasta zu erkennen. Etwas weiter rechts davon liegen der Cerro Paranal und der Cerro Armazones.

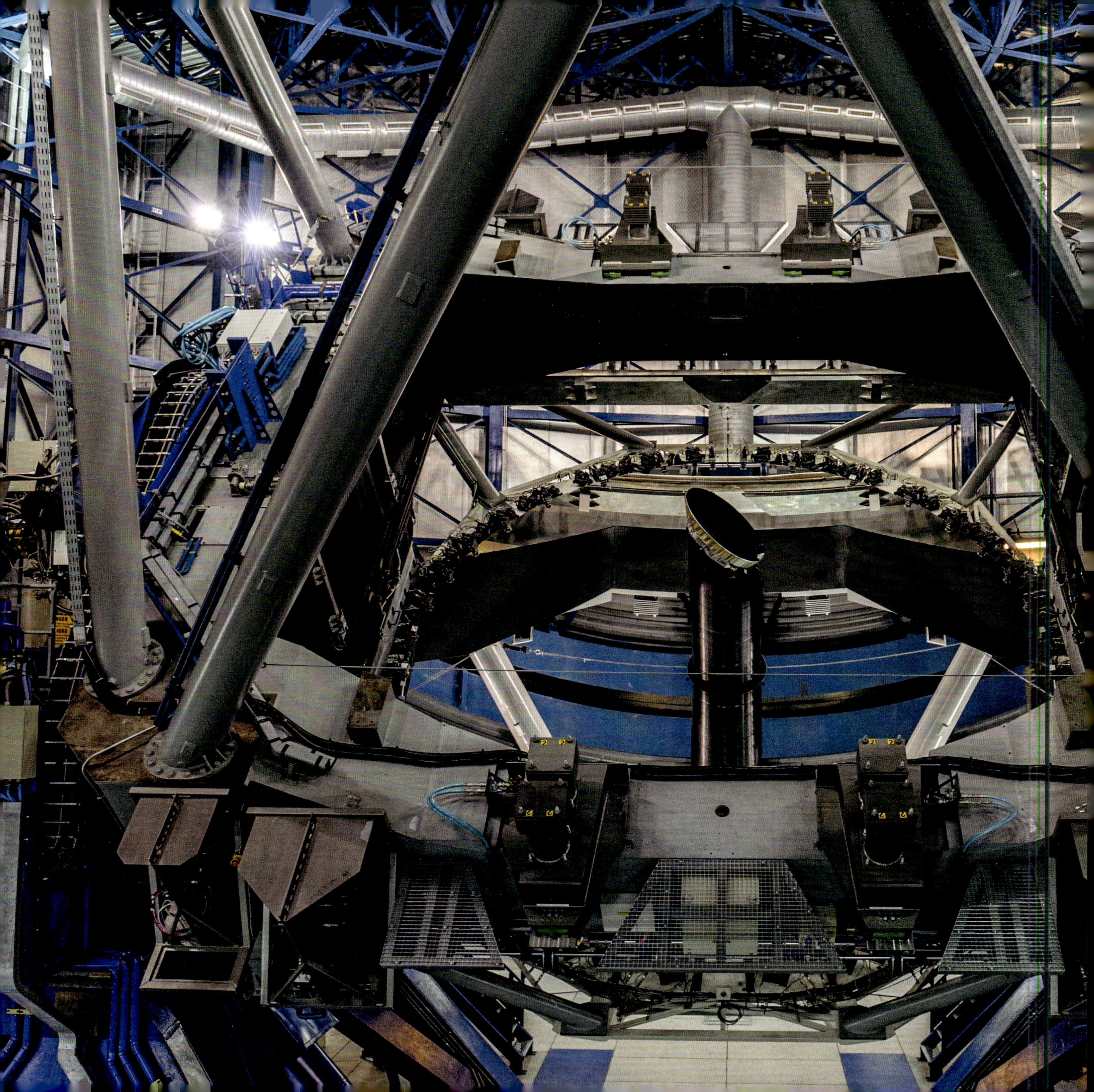

PERFEKTE MASCHINEN

Moderne Riesenteleskope sind wahre Wunderwerke der Technik. So schwer wie ein voll beladener Jumbojet, bewegen sie sich mit der Präzision von wenigen Tausendstelmillimeter um ihre beiden Achsen, die mit unglaublicher Genauigkeit einen winzigen Stern am Himmel anvisieren und ihm dann über Stunden exakt nachfolgen können. Die Achsen schwimmen absolut ruckfrei auf dem hauchdünnen Ölfilm der hydrostatischen Lager – mechanische Kugellager wären hier nicht gut genug. Die Reibung der Hauptachse ist so gering, dass eine einzige Person das 430 Tonnen schwere Teleskop von Hand in Drehung versetzen kann. Anstelle von großen Zahnradgetrieben sorgen riesige Direktmotoren für den Antrieb und drehen den Stahlkoloss lautlos in die gewünschte Position.

Die Hauptspiegel des VLT sind nur 17,5 cm dünn, und das bei einem Durchmesser von 8,2 Metern (zum Vergleich: der 5-Meter-Spiegel des historischen Hale-Teleskops auf dem Mount Palomar ist über einen halben Meter dick). Dadurch deformieren sie sich allerdings auch bei jedem Schwenk des Teleskops und die resultierenden Bilder wären verzerrt und unbrauchbar, wenn man nichts dagegen unternehmen würde. Der Spiegel ruht deshalb auf 150 computergesteuerten Unterstützungspunkten, welche im Minutentakt die Auflagekräfte nachjustieren. Ein optischer Bildanalysator misst kontinuierlich die Abweichungen und berechnet neue Werte, die an die Präzisionsmotoren übermittelt werden. Dadurch bleibt der dünne Spiegel stets in seiner perfekten optischen Form (siehe auch „Teleskope und aktive Optik“ auf Seite 38).

Es ist ein beeindruckendes Erlebnis, wenn man kurz vor der Abenddämmerung in eine der Teleskopkuppeln geht. Ein Techniker setzt von einem Computerterminal aus die halbautomatische Teleskop-Startprozedur in Gang. Nachdem er vorher einen Rundgang ums Teleskop und die Kuppel absolviert hat, kann es losgehen. Zunächst wird es erst einmal leise, denn die riesigen Gebläse der Klimaanlage, welche die Temperatur im Gebäude tagsüber auf die zu erwartende Nachttemperatur kühlt, wird jetzt ausgeschaltet. Nach einigen Minuten setzt sich die Elevationsachse in Bewegung, das Teleskop neigt sich lautlos nach unten, wodurch der gigantische Hauptspiegel sichtbar wird. Wenig später beginnen sich langsam die beiden riesigen Beobachtungstore zu öffnen, die den Blick hoch zum Abendhimmel und später zu den Sternen freigeben. Wenn alle Systeme gestartet sind, ist das Teleskop betriebsbereit. Die Lichter werden gelöscht. Dann verlässt der Techniker die Kuppel und übergibt das Kommando an den Teleskop-Operator, der schon im Kontrollraum an der Konsole sitzt, um mit der Nachtschicht zu beginnen. Im Teleskopgebäude selbst ist ab diesem Moment niemand mehr, alles wird vom Kontrollraum aus gesteuert und überwacht.

◄ Die Elevationsachse des Teleskops neigt sich auf den Fotografen zu in die Horizontale. Das ist Teil der Start-up-Prozedur während der allabendlichen Vorbereitung für die Nacht. Der 8-Meter-Hauptspiegel und in dessen Mitte der M3-Umlenkspiegel auf seinem schwarzen zylindrischen Turm sind gut zu erkennen.

Vor der chilenischen Küste treffen zwei Kontinentalplatten aufeinander, daher sind Erdbeben keine Seltenheit. Aber die Beobachtungsbedingungen hier sind so einzigartig gut, dass man diesen Nachteil in Kauf nimmt.

Bei der Entwicklung der Teleskope wurden mögliche Erdbeben von vornherein berücksichtigt, alles ist erdbebenresistent ausgelegt. Ein besonderes Augenmerk gilt dabei natürlich dem Hauptspiegel (M1). Im Falle eines starken Bebens wird dieser sekundenschnell mit einem hydraulischen System in elastische Klammern eingespannt, in denen er dann in kontrollierten Grenzen schwingen kann. Dadurch wird die zerstörerische Energie abgedämpft und der Spiegel vor Schäden bewahrt. Auch alle anderen Systeme sind so gebaut, dass sie ein größeres Erdbeben ohne gravierende Schäden überstehen können.

Jeder, der auf Paranal arbeitet, hat schon das eine oder andere Beben erlebt. Geschieht es nachts, werden die Teleskope sofort per Not-Aus-Knopf gestoppt und eine spezielle Checkliste mit Inspektionen wird abgearbeitet. Erst wenn alles in Ordnung ist, kann die Beobachtung weitergehen. Nur gelegentlich müssen am nächsten Morgen noch einige Systeme nachjustiert werden

Die Teleskope des VLT bestehen aus vielen sehr komplexen Einzelsystemen, die jedes für sich und alle zusammen nahtlos funktionieren müssen, damit die wissenschaftlichen Beobachtungen möglich sind. Allein in der Spiegelzelle finden sich tausende komplizierte Komponenten: Hydraulik, Pneumatik, Sensoren, Elektronik, Motoren und mehr. Sie sorgen unter anderem dafür, dass der Hauptspiegel stets spannungsfrei und millimetergenau positioniert ist. Dem Zylinder, an dem der Sekundärspiegel (M2) montiert ist, sieht man nicht an, dass er mit sehr komplexer Mechanik und Elektronik vollgepackt ist. Die Einheit kann den Spiegel, der aus dem leichten Metall Beryllium gefertigt ist, so schnell hin und her steuern, dass dadurch Windvibrationen des Teleskops und ein Teil der Luftturbulenz ausgeglichen werden können. Das ist vergleichbar mit dem Bildstabilisator moderner Digitalkameras, nur dass hier ein 50 kg schwerer Spiegel anstatt einer kleinen Objektivlinse bewegt werden muss. Auch der Autofokus des Teleskops wird über den M2-Spiegel gesteuert.

Und dann gibt es noch die Adapter-Rotatoren, die an jedem der drei Brennpunkte direkt vor den Instrumenten montiert sind. Sie sind normalerweise nicht sichtbar, aber ohne sie geht nichts. Sie drehen die Instrumente um ihre Achse, um die Erdrotation während der Beobachtung auszugleichen. In ihrem Inneren sitzen digitale Bildsensoren (CCDs), die einen Leitstern erfassen und so die präzise Nachführung des Teleskops am Himmel gewährleisten. Der Bildanalysator (Image Analyzer), der die Deformierung des Hauptspiegels für die aktive Optik misst, ist hier ebenfalls untergebracht.

Ein wahres Wunderwerk der Technik – die perfekte Maschine. ■

► Im Abendlicht „wartet" das startbereite Teleskop auf die Dunkelheit. Auf der sogenannten Nasmyth-Plattform ist das Infrarot-Instrument ISAAC zu sehen. Dutzende fensterartige Öffnungen in der Kuppel sorgen für den schnellen Temperaturausgleich zwischen außen und innen. Dadurch werden Luftturbulenzen auf ein Minimum reduziert, um optimale Bildqualität zu erzielen.

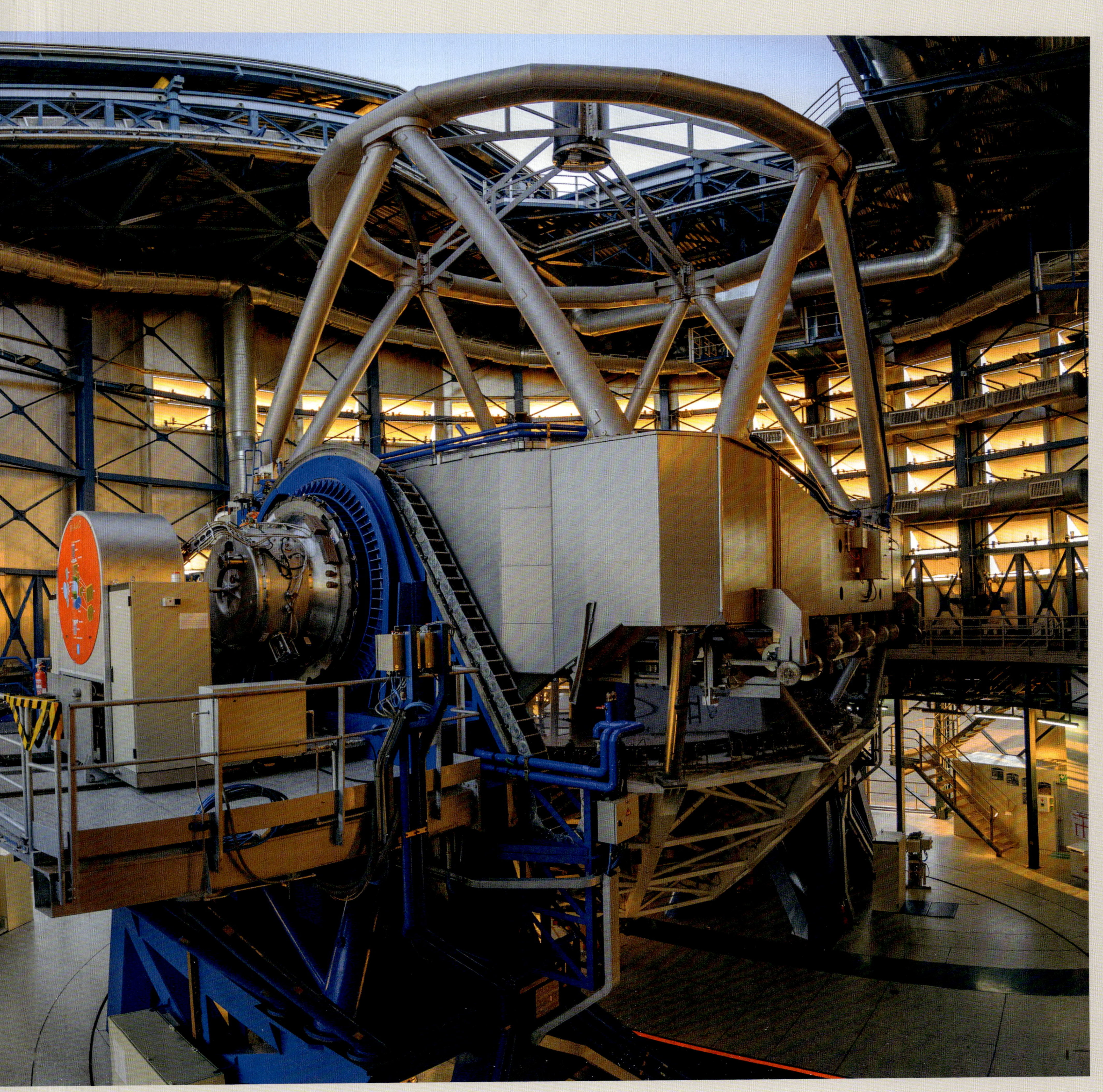

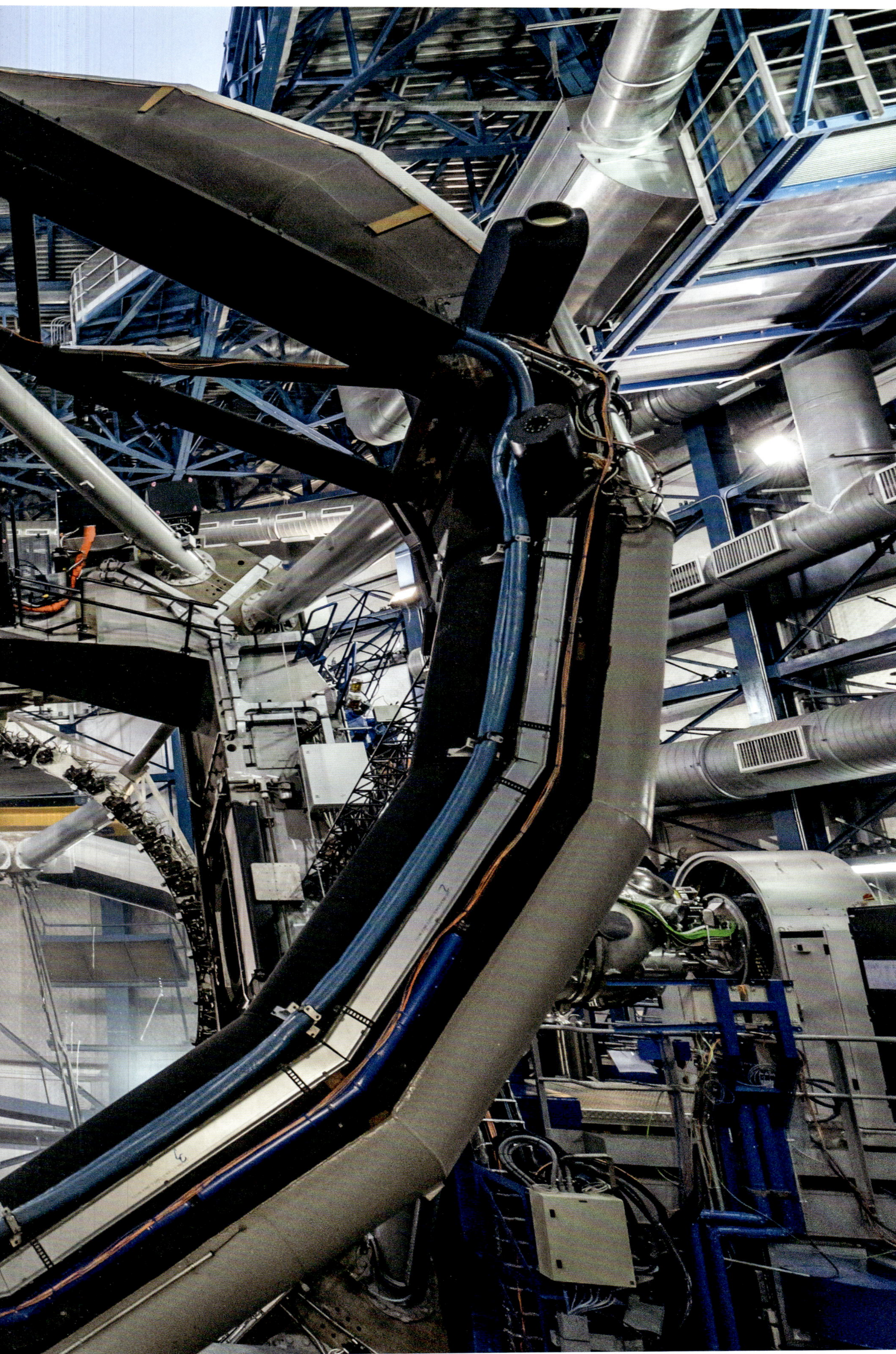

◀ Ein überwältigender Anblick der komplexen Maschine, die mit Kabeln, Schläuchen und mysteriösen Komponenten vollgepackt erscheint. Die großen Beobachtungstore werden gerade geöffnet. In der Mitte des 8-Meter-Spiegels ist der diagonale M3-Spiegel zu sehen. Direkt darüber in schwarzen Boxen sitzen zwei der vier Laser-Leitsterne. Im Vordergrund am oberen linken Bildrand ist die zylindrische dunkle Steuereinheit des M2-Sekundärspiegels zu erkennen und am rechten Bildrand eines der Instrumente auf der Nasmyth-Plattform.

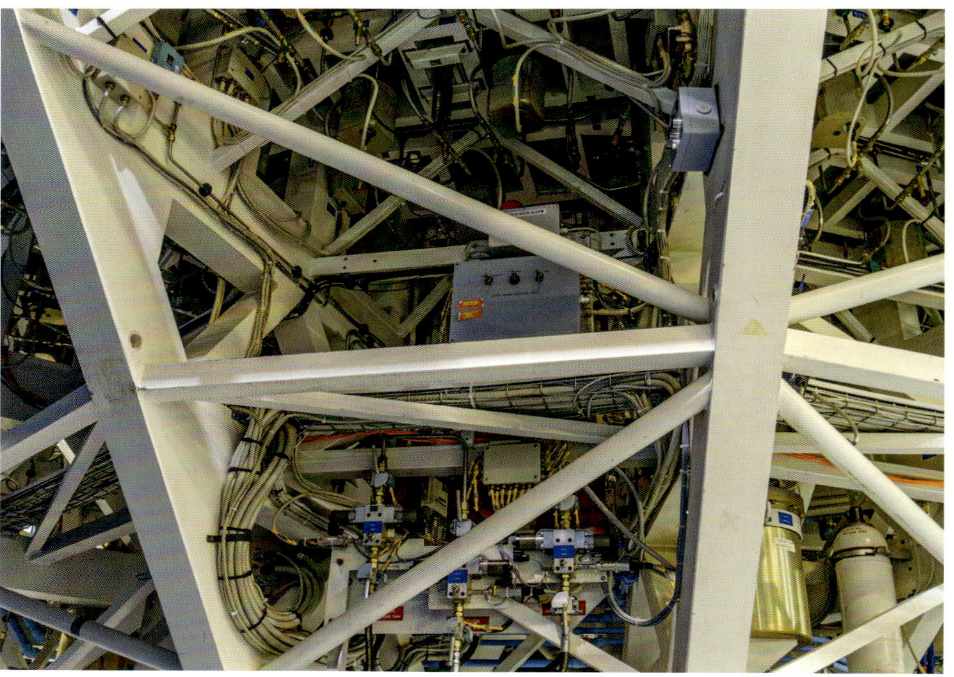

▲ Nur bei ausgebautem Spiegel wird die Technik darunter sichtbar. Die langen schwarzen Hydraulikstempel heben den Spiegel zum Ausbau an, sodass die 15 Haken des Spiegellifts darunter greifen können. Die kleinen silbernen Köpfe der 150 Spiegelaktuatoren ragen nur leicht aus der schwarzen Kühlplatte heraus. Am Rand befinden sich die seitlichen hydraulischen Spiegelbefestigungen. Sie sorgen dafür, dass dessen Gewicht immer gleichmäßig verteilt ist, selbst wenn das Teleskop um 90 Grad geneigt wird.

◄ Randvoll mit Technik – ein Blick in das Innere der Spiegelzelle. Im Falle eines Problems müssen Techniker dort hineinkriechen können. Kaum zu glauben, aber irgendwie geht das.

► Rechts: Die Struktur der Hauptspiegelzelle verbindet Stabilität mit Leichtgewicht. Die Metallelemente wurden äußerst präzise mit Lasern geschnitten und geschweißt. Um den dünnen Hauptspiegel, der sich unter seinem eigenen Gewicht leicht verbiegt, in seiner perfekten optischen Form zu halten, müssen 150 elektro-hydraulische Aktuatoren mit ständig neu berechneten Kräften von unten auf den Spiegel drücken. Das gelbe FORS-Instrument sitzt im sogenannten Cassegrain-Fokus unter der Spiegelzelle.

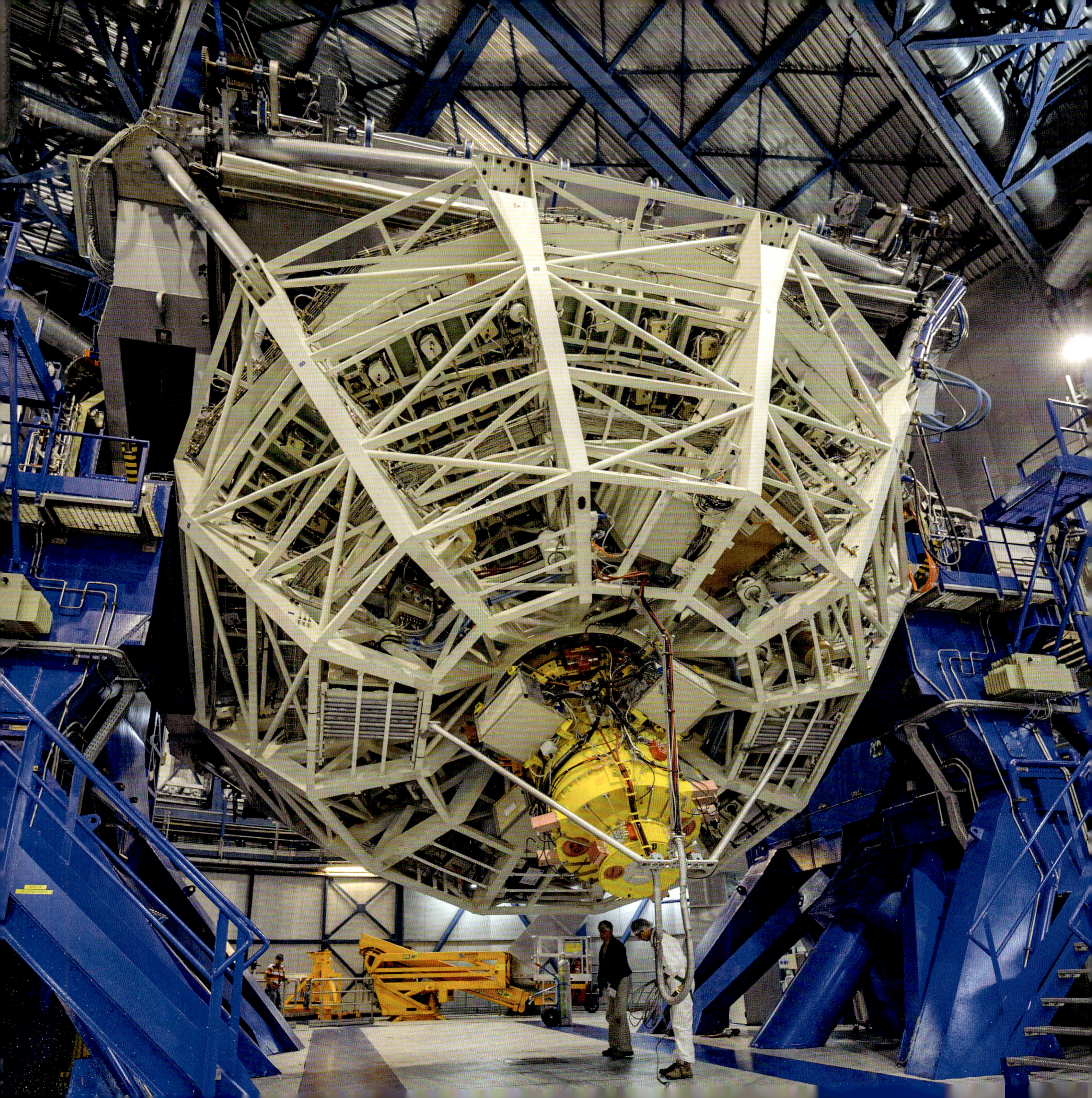

◄ Links: Für diesen Ausblick von oben auf das geneigte Teleskop muss man auf einer senkrechten Leiter bis unter das Kuppeldach klettern.

▲ Ein ungewöhnlicher Blick vom Dach der Kuppel auf den M1-Spiegel. Im Hintergrund die endlose Atacamawüste.

▲ Ein seitlicher Blick auf den Spiegel. Man erkennt die hydraulischen Befestigungselemente, die für die gleichmäßige Gewichtsverteilung sorgen. Die Arme, die auf die Spiegeloberfläche greifen, gehören zum Erdbebenklammerungssystem. In der Bildmitte der M3-Spiegel, der in dieser Stellung das Licht zur rechten Seite lenken würde. Der Zugang zu den Nasmyth-Instrumenten ist tagsüber durch einen schwarzen Vorhang geschlossen.

► Rechts: Spiegel im Spiegel – das Teleskop ist für Wartungsarbeiten in die Horizontale geneigt. Dadurch konnte der Autor ein Selfie im 8-Meter-Spiegel aufnehmen, zusammen mit zwei seiner Kollegen. Der gesamte M1-Spiegel mit dem M3-Turm in der Mitte ist sichtbar, darin spiegelt sich sogar der M2-Spiegel.

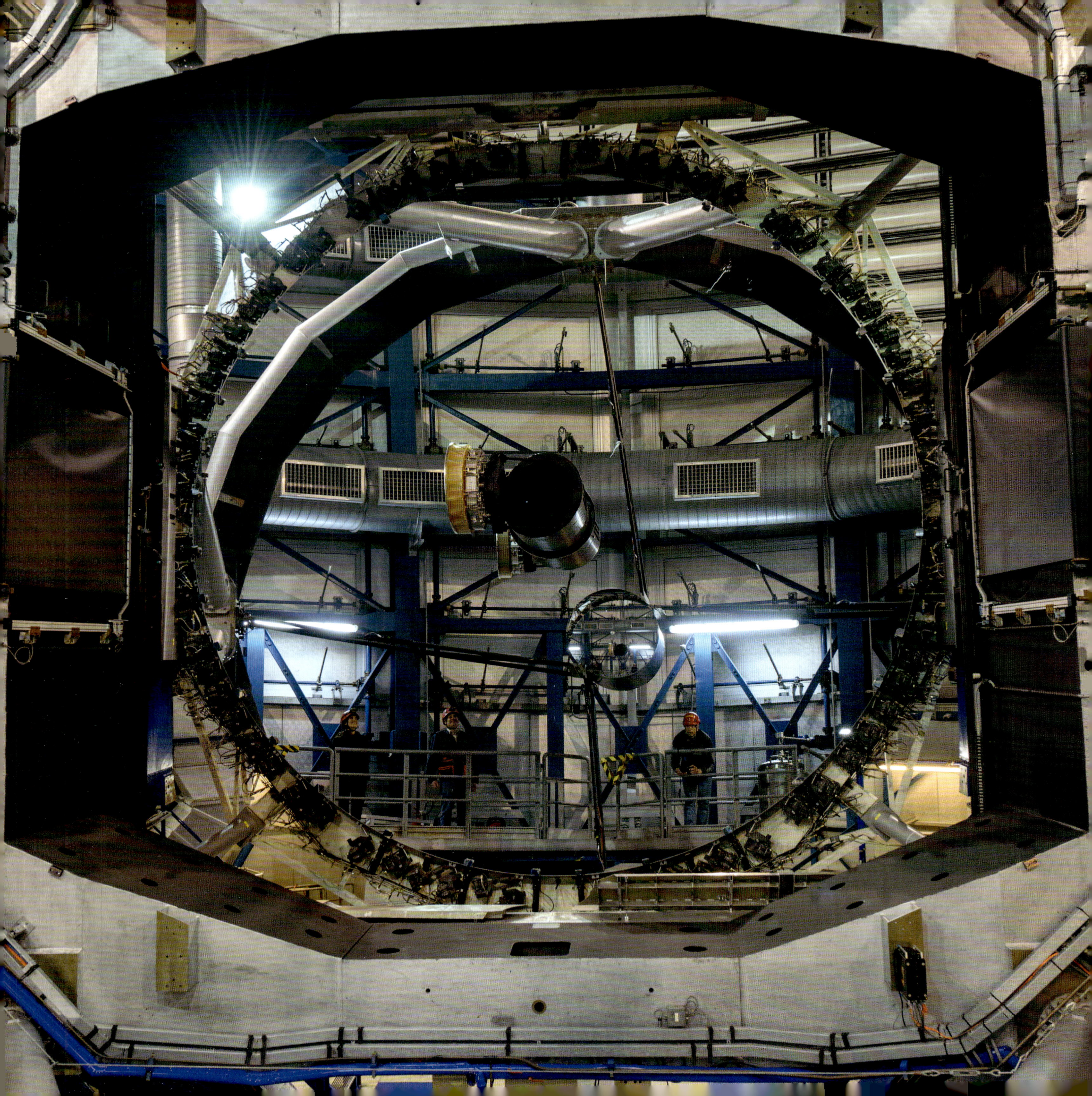

THEMA
TELESKOPE UND AKTIVE OPTIK

Ein Lichtteilchen (Photon) wurde vor Millionen Jahren von einem Stern irgendwo im Universum ausgesandt und rast seitdem durchs Weltall in Richtung Erde – natürlich mit Lichtgeschwindigkeit. In der Atacamawüste auf dem Berg Paranal ist ein Riesenspiegel mit einer Fläche von 50 Quadratmetern auf den Himmel gerichtet. Unser Photon hat Glück, es trifft auf die reflektierende Oberfläche des Spiegels, zusammen mit vielen weiteren Photonen. Andere dagegen verfehlen ihn um ein paar Meter, ihre lange Reise endet jäh im Wüstenstaub.

Was aber geschieht mit unserem aufgefangenen Sternenlicht? Da der Hauptspiegel (er heißt im Teleskopjargon Primärspiegel oder M1) leicht konkav gekrümmt ist, bündelt er das Licht und wirft es zurück auf den kleineren konvexen Sekundärspiegel (M2), der im Top-Ring über dem M1 an dünnen Streben montiert ist. Von dort geht's zurück in Richtung M3-Spiegel, der in der Mitte des M1 sitzt. Was dann passiert, hängt von der Stellung des M3 ab. Je nach Position gelangt das Licht von hier auf eines der drei wissenschaftlichen Instrumente, die am Teleskop installiert sind und die das Licht mit ihren empfindlichen Detektoren aufzeichnen und analysieren.

Die vier Teleskope (Unit Telescopes oder UTs) des VLT sind mit jeweils drei astronomischen Kameras bestückt. Sie werden kurz „Instrumente" genannt, denn sie sind viel mehr als nur Kameras. Jedes Instrument ist anders und für bestimmte Beobachtungen konzipiert (siehe auch „Instrumente" auf Seite 190).

Zwei der Instrumente befinden sich jeweils auf den sogenannten Nasmyth-Plattformen, die auf beiden Seiten des Teleskops auf Höhe des M1 angeordnet sind. Durch Rotation des M3-Spiegels um 180 Grad kann das Licht auf jeweils eines der beiden Instrumente gelenkt werden. Eine runde Öffnung im Zentrum der Elevationsachse dient als Lichtdurchlass. Das dritte Instrument ist unter der Spiegelzelle montiert, im Cassegrain-Fokus. Damit das Licht dorthin gelangt, wird der M3-Spiegel hochgeklappt und gibt so den Weg frei. Mit dieser genialen Anordnung können die Wissenschaftler nachts innerhalb weniger Minuten zwischen verschiedenen Instrumenten umschalten, wenn es das Beobachtungsprogramm erfordert, oder aber auch dann, wenn es mit einem Instrument technische Probleme gibt. Auf diese Weise geht keine wertvolle Beobachtungszeit verloren.

Außer zu den drei Instrumenten gibt es noch einen anderen Weg, den das Sternenlicht nehmen kann. Durch einen weiteren Spiegel (M4), der direkt vor der Nasmyth-Plattform eingeschwenkt wird, kann es in den „Keller" tief unter das Teleskop geleitet werden und erreicht – über mehrere weitere Spiegel – das Interferometrie-Gebäude (siehe auch „Interferometer" auf Seite 97). Diese Option wird genutzt, wenn mehrere Teleskope zusammengeschaltet werden, um als Interferometer eine weit höhere Bildauflösung zu liefern.

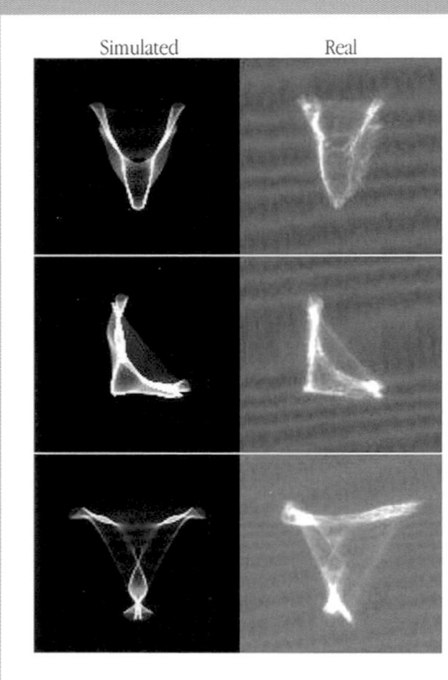

▲ Mit der aktiven Optik des Teleskopspiegels wurde dieser so verformt, dass ein Stern die Buchstaben V, L und T annahm – VLT!

Teleskope früherer Generationen hatten sehr dicke Hauptspiegel. Beim 5-Meter-Palomar-Teleskop in Kalifornien sind es 0,5 Meter. Die enorme Dicke des Spiegels war nötig, damit dieser seine optische Form behält und sich nicht durchbiegt. Für lange Zeit lag hier das technische Limit, denn Spiegel für größere Teleskope müssten noch dicker sein und würden dann viel zu schwer.

Doch Astronomen wollen über immer größere Teleskope verfügen. Dünnere und somit leichtere Spiegel verformen sich allerdings unter ihrem eigenen Gewicht und liefern dadurch verzerrte Bilder. In den 1980er-Jahren entwickelte die ESO eine neue Technik, um das Problem zu lösen: Installiert man unter dem Spiegel eine Anzahl sehr präziser computergesteuerter Stellelemente, kann jedes für sich mit genau berechneter Kraft auf den Spiegel drücken und ihn damit immer in der perfekten optischen Form halten. Über einen Bildanalysator, einen Sensor mit einem Array aus kleinen optischen Linsen, wird der Spiegelfehler im Minutentakt genau gemessen. Dann werden die entsprechenden Korrekturkräfte berechnet und eingestellt. So behält auch ein dünnerer Spiegel in jeder Teleskopposition seine Form und liefert scharfe Bilder. Diese sogenannte aktive Optik wurde zunächst am New Technology Telescope (NTT, Hauptspiegeldurchmesser 3,5 Meter) der ESO am La-Silla-Observatorium getestet, bevor sie später beim VLT zum vollen Einsatz kam.

Während der Inbetriebnahme des VLT wollten die Ingenieure und Astronomen demonstrieren, dass sie das Spiegelverbiegen beherrschen. Im Normalfall stellt der Computer die Kräfte so ein, dass ein Stern als perfekter runder Punkt abgebildet wird. Bei einem

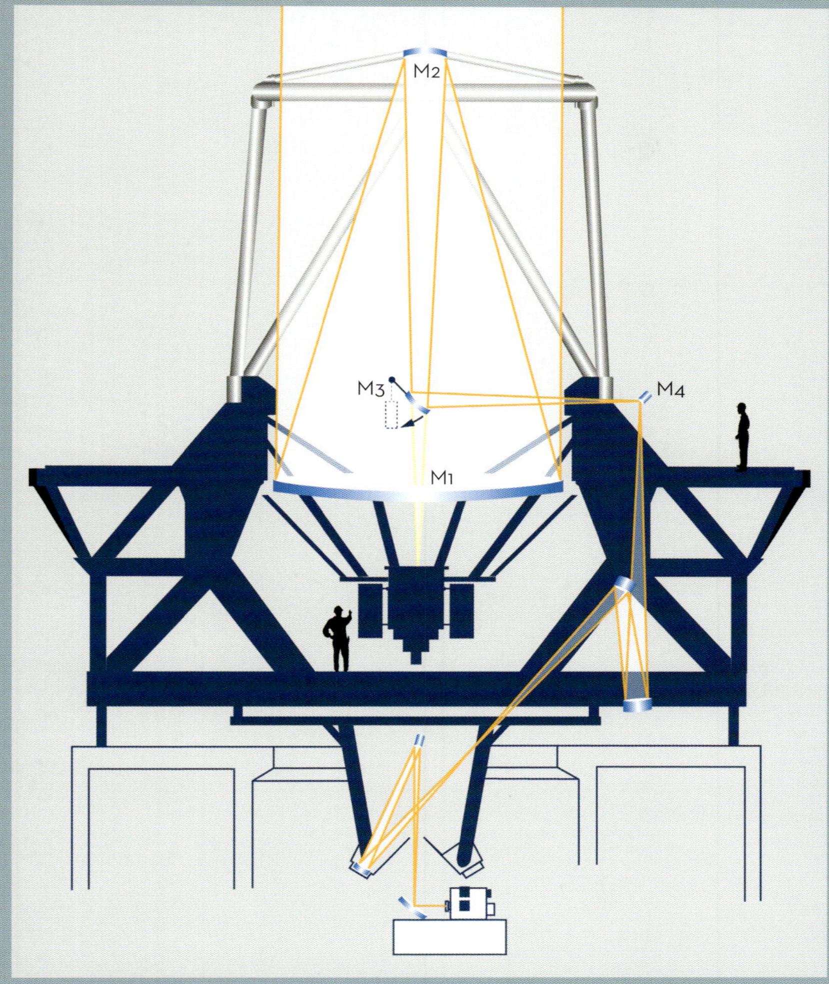

▲ Lichtweg durch das Teleskop: Der Primärspiegel M1 bündelt das Licht, der Sekundärspiegel M2 leitet es zum Umlenkspiegel M3, der es auf die seitliche Nasmyth-Plattform auslenkt. Dort gelangt es in ein Instrument oder wird über den M4-Spiegel weiter in das unterirdische Interferometrie-Labor geleitet.

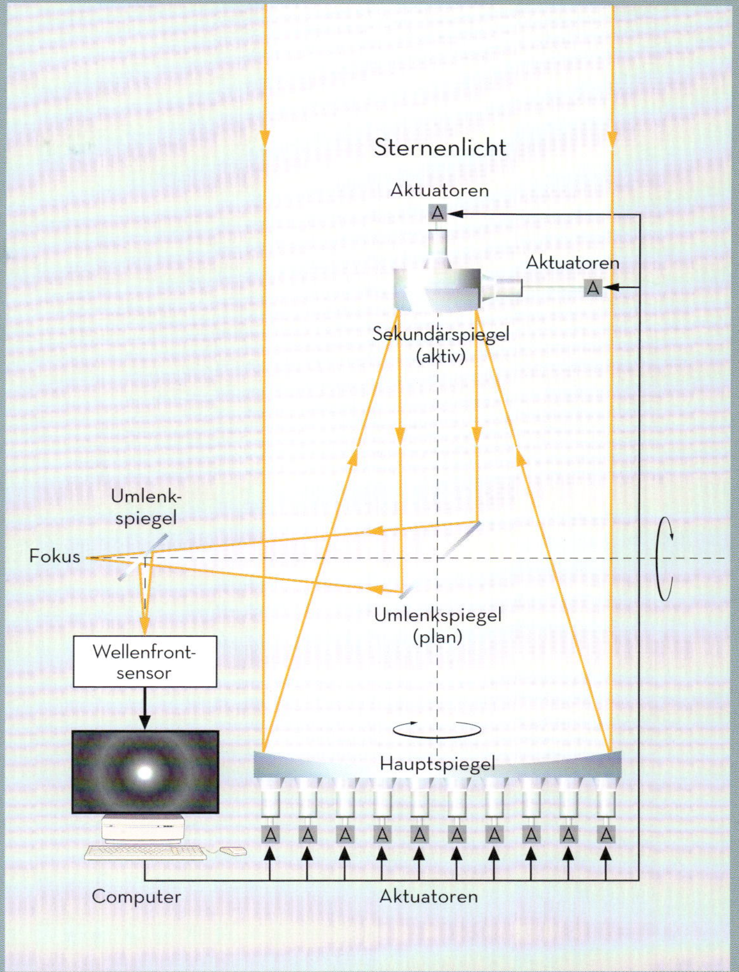

▲ Prinzip der aktiven Optik: Ein Wellenfrontsensor misst ständig einen Teil des einfallenden Sternenlichts. Der Computer analysiert das Bild und gibt anschließend Steuerbefehle an die Aktuatoren unter dem Primärspiegel und am Sekundärspiegel.

Test schafften sie es jedoch, den Spiegel mit Absicht so zu deformieren, dass ein Stern nacheinander die Form eines „V", dann eines „L" und schließlich eines „T" annahm. Vergleichbar ist das mit dem Experiment, einen dünnen Blechspiegel anzuschauen und ihn so zu verbiegen, dass das Gesicht mal breit und mal lang erscheint – nur ein wenig komplizierter. Die Demonstration jedenfalls gelang perfekt.

Außer der Korrektur des M1 sorgt die aktive Optik auch dafür, dass der M2-Spiegel immer genau auf der Teleskopachse zentriert und fokussiert ist. Das ist bei großen Teleskopen nötig, da sich die gesamte Stahlstruktur unter ihrem eigenen Gewicht verbiegt, wenn das Teleskop schräg gestellt wird. Temperaturausdehnungen müssen ebenfalls kompensiert werden. Jeder kleinste Ausrichtungsfehler der Optik hat einen negativen Effekt auf die Bildqualität. Die aktive Optik sorgt automatisch dafür, dass das Teleskop in jedem Augenblick optimal justiert ist.

Zudem wird alles auch noch gekühlt! In den Kuppeln ist eine riesige Klimaanlage installiert, die tagsüber das gesamte Teleskop auf die Temperatur kühlt, die man zu Beginn der kommenden Nacht draußen erwartet. Sogar unter dem M1 befindet sich eine Kühlplatte. Und damit nicht genug: Der Spiegel ist aus dem Spezialglas Zerodur hergestellt, einer speziellen Glaskeramik des Herstellers Schott. Sie ist dem Material Ceran, das für Kochfelder genutzt wird, sehr ähnlich und dehnt sich bei Temperaturveränderung praktisch nicht aus. All das ist notwendig, da die dicken Stahltrossen und der Spiegel nach Öffnen der Kuppel andernfalls Stunden benötigen würden, um sich auf natürliche Weise der Außentemperatur anzupassen. Durch Temperaturdifferenzen bedingte Luftturbulenzen direkt über dem Teleskop und damit unscharfe Bilder wären die Folge.

Aus demselben Grund hat die Kuppel rundherum Dutzende von Ventilationsklappen, die ebenfalls zu Beginn der Nacht geöffnet werden. So werden Lufttemperaturunterschiede zwischen innen und außen schnell ausgeglichen. Nur wenn der Wind etwas stärker bläst, werden sie zum Teil wieder geschlossen.

Das alles ist viel Aufwand, aber nur so werden die perfekten und unglaublich scharfen Bilder des Weltalls möglich. ■

EINE STERNWARTE ENTSTEHT

Als ich 1996 zum ersten Mal auf dem Cerro Paranal eintraf, waren die Bauarbeiten bereits weit fortgeschritten. Während die erste Kuppel von außen fast fertig aussah, gab es aber auf dem Berg noch kein einziges Teleskop.

1997 begannen riesige Kräne die schweren Teleskopstrukturen in die erste Kuppel zu heben. Über hundert Arbeiter montierten Stahlkonstruktionen und gossen Beton für die VLT-Interferometerstationen und den zukünftigen Delay-Line-Tunnel unter der Teleskop-Plattform.

Es war ein betriebsamer, lauter und staubiger Ort. Starke Scheinwerfer beleuchteten die Baustelle bis spät in die Nacht. Der Zeitdruck war groß, denn das „First Light" sollte planmäßig erreicht werden. Die Arbeit schien nicht stillzustehen.

Währenddessen wurden in Europa wichtige Teleskopsysteme gefertigt und vorgetestet. Die Produktion der Spiegelrohlinge und das Polieren der optischen Oberflächen waren in vollem Gang. Ein Spiegel benötigt über zwei Jahre vom Gießen des flüssigen Glases über den sehr langsamen Abkühlungsprozess und die Keramisierung bis hin zum Schleifen und Polieren. Es waren aufregende Momente, als diese zerbrechlichen Herzstücke der Teleskope schließlich in Chile ankamen und zur Baustelle transportiert wurden.

Der gesamte Transport von Europa bis zum Paranal wurde zunächst mit einem Dummy-Spiegel aus Beton „geübt". Erst nachdem demonstriert worden war, dass dies reibungslos klappte, wurden die empfindlichen riesigen Glaskeramikscheiben (die Spiegel sind aus dem Material Zerodur hergestellt) auf den Weg gebracht. Auf der rauen Schotterpiste mussten zwei Planierraupen vor dem Transporter herfahren, um jede Unebenheit zu beseitigen. Im Schritttempo ging es den Berg hinauf. Nach etwas mehr als zwei Tagen Fahrtzeit vom Hafen in Antofagasta erreichte der erste Spiegel den Berg. Eine wichtige Etappe war geschafft, die Ingenieure konnten aufatmen.

Bevor der eigentliche Spiegel aber ins Teleskop eingebaut werden konnte, musste auch hier der gesamte Ablauf zunächst mit dem Betonspiegel geprobt werden. Erst als die komplette Prozedur fehlerlos funktionierte und alles passte, wurde der echte Spiegel installiert. Bis zum „First Light" fehlte nun nicht mehr viel. Die Spannung stieg! ■

◄ Eine der Teleskopkuppeln im Rohbau, bei der noch die Außenverkleidung montiert werden muss. Die runden Röhren sind Teil der Kühlung. Kurz nach Sonnenuntergang ist der Venusgürtel, der in die Atmosphäre projizierte Schatten der Erde, durch das Stahlgitter hindurch zu sehen. Am Horizont in der Mitte Cerro Armazones, der Standort des ELT, an das zu diesem Zeitpunkt noch niemand dachte.

▲ In einem Korb am Kran hängend, hat der Fotograf diese ungewöhnliche Aufnahme der Baustelle gemacht.

◀ Im Mai 1996 ist die Verkleidung der Kuppel des ersten Teleskops bereits fast komplett, während das UT2-Gebäude noch als Skelett dasteht.

▼ Arbeiter bereiten die Verschalungen für die Interferometerstationen vor.

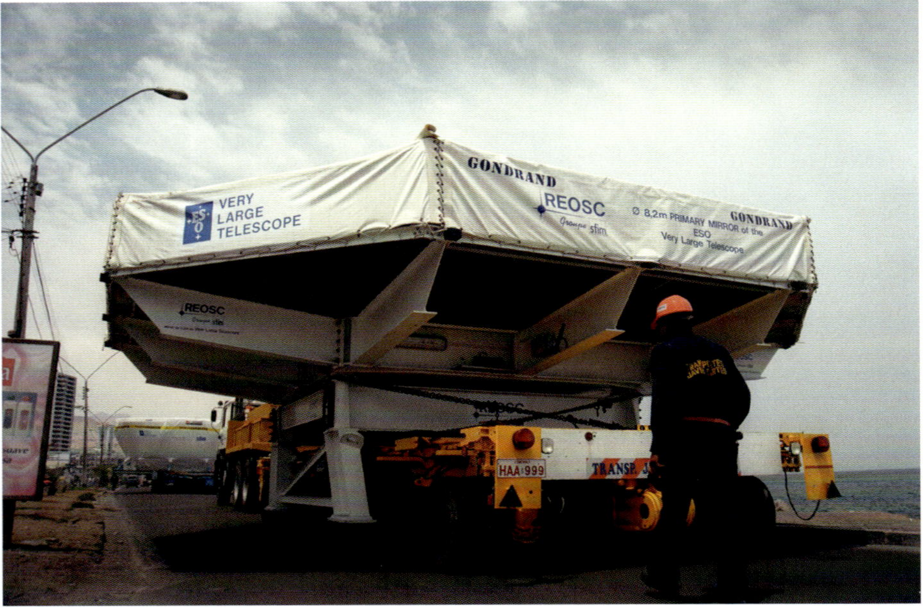

Die Transporte der riesigen Teleskopkomponenten über lange Schotterpisten von der Hafenstadt Antofagasta bis zum Paranal waren eine Herausforderung. Am schwierigsten war es natürlich, die Spiegel über die unebene Strecke zu bewegen. Es dauerte 2–3 Tage, bis die Transporter, oft im Schritttempo, die insgesamt 130 km zurückgelegt hatten.

▲ Oben links: Eine der Spiegelzellen verlässt das Hafengelände in Antofagasta. Zahlreiche Verkehrsschilder mussten vorübergehend umgebogen werden, damit die ungewöhnliche Ladung vorbeipasste.

▲ Oben rechts: Ein Container mit einem der 8-Meter-Spiegel in Antofagasta, davor fährt ein Schwertransporter mit einer Spiegelzelle.

◀ Mitte und unten: Transport der Vakuumkammer für die Verspiegelungsanlage. Die Piste wurde mit Planiergeräten unmittelbar vorher geglättet.

▲ August 1997: Die Vakuumkammer für die Aluminisierungsanlage rollt auf einem Spezialtransporter mit Überweite durch die Atacama in Richtung Paranal.

► Rechts: Bevor 2002 die Residencia fertiggestellt wurde, war ein Container-Camp das Zuhause der ESO-Ingenieure.

◄ Links: Ein Blick, der heute so nicht mehr möglich ist: Die beiden hochpräzisen, kreisförmigen Stahltracks des hydrostatischen Lagers, auf denen später das gesamte Teleskop auf einem Ölfilm rotiert.

▼ Kurze Zeit später wurde das Teleskop darauf montiert.

◄ Der „Top-Ring“ des Teleskops wird, nachdem er auf der Plattform vormontiert wurde, mit einem Kran durch die Kuppeltore gehievt.

▼ Es ist Präzisionsarbeit, den über neun Meter großen Ring durch die Tore zu manövrieren.

▲ Im Norden Chiles sind Erdbeben nicht selten. Bei einem der komplexen Kranmanöver kam es zu einem stärkeren Erdstoß. Die Arbeiter mussten Ruhe bewahren und ausharren, b s sich die Lage wieder beruhigt hatte. Starke Nerven waren gefragt!

▲ Das Basiscamp aus der Luft, aufgenommen während der Bauphase der Residencia. Zu diesem Zeitpunkt bestanden die Unterkünfte aus Containern.

▲▼ Der Innenbereich der Residencia im Rohbau (2001), noch ohne die transparente Kuppel – und heute mit bepflanztem Garten und Pool.

THEMA
FIRST LIGHT!

Das „First Light“ des ersten 8-Meter-Teleskops war ganz klar einer der spannendsten Momente, aber auch mit enormem Stress für die Beteiligten verbunden. Als „First Light“ wird in der Welt der Astronomie der Moment bezeichnet, in dem ein neues Teleskop zum ersten Mal auf den Nachthimmel gerichtet wird und der erste Stern auf dem Detektor und dann hoffentlich auch auf dem Bildschirm erscheint.

Die neue Technik der aktiven Optik, die den dünnen Hauptspiegel in Form hält, war vorher nur am 3,5-Meter New Technology Telescope (NTT) am La-Silla-Observatorium getestet worden. Die Frage war: Würde sie auch bei dem viel größeren und noch dünneren Spiegel des VLT funktionieren?

Am 25. Mai 1998 war es schließlich so weit: Nachdem endlose Tests und Justierarbeiten durchgeführt und zuletzt vom Computer des Bildanalysators die richtigen Druckwerte für jeden einzelnen der 150 Aktuatoren unter dem Hauptspiegel eingestellt worden waren, wurde erstmals ein Stern anvisiert. Die ersten Bilder erschienen auf dem Bildschirm. Und sie zeigten perfekte, kreisrunde Punkte. Das hört sich wenig spektakulär an, ist aber für die Techniker und Astronomen das entscheidende Kriterium, dass das neue Teleskop funktioniert. Die vorher angespannten Gesichter der Ingenieure strahlten. Ihre monate- und jahrelange Arbeit hatte sich ausgezahlt. Das Very Large Telescope war ein voller Erfolg und lieferte auf Anhieb die erwartete Bildqualität. Ein Meilenstein war geschafft.

Nach dem historischen Moment konnte man sicherlich erst einmal entspannen, aber das First Light ist nur der erste Schritt von vielen. Das Teleskop musste systematisch alle Phasen der Inbetriebnahme und der wissenschaftlichen Verifikation durchlaufen. Erst danach konnte es für die Forschung genutzt werden. Großteleskope sind zunächst immer Prototypen (auch wenn es auf Paranal vier identische Teleskope gibt). Technische Probleme sind am Anfang also völlig normal und müssen nach und nach ausgemerzt werden. Das dauert mindestens ein halbes Jahr – erst dann ist das Teleskop ausreichend qualifiziert, um für wissenschaftliche Beobachtungen genutzt zu werden.

Nachdem das UT1 komplett getestet war, kamen die anderen drei Teleskope an die Reihe. Und da war es von Vorteil, dass alle vier identisch sind, denn ein einmal erkanntes Problem konnte bei den folgenden Teleskopen gleich mitbehoben werden.

First-Light-Momente gibt es im Leben einer Sternwarte auch später noch. Sie sind dann zwar etwas weniger spektakulär, aber nicht minder aufregend. Das geschieht zum Beispiel, wenn ein neues Instrument installiert wird und man damit zum ersten Mal einen Stern beobachtet. Solche Augenblicke sind jedes Mal besonders, und sie enden, wenn alles klappt, mit viel Jubel (und oft auch mit einem Glas Sekt).

Heute, 25 Jahre nach dem First Light des VLT, baut die ESO auf dem Nachbarberg Cerro Armazones das Teleskop der nächsten Generation, das Extremely Large Telescope oder ELT. Bei seiner Fertigstellung wird es mit einem Hauptspiegel von unglaublichen 39 Metern Durchmesser das größte Teleskop der Welt sein. Es wird ein „extremely large“ First Light geben, auf das man schon jetzt sehr gespannt sein darf. ■

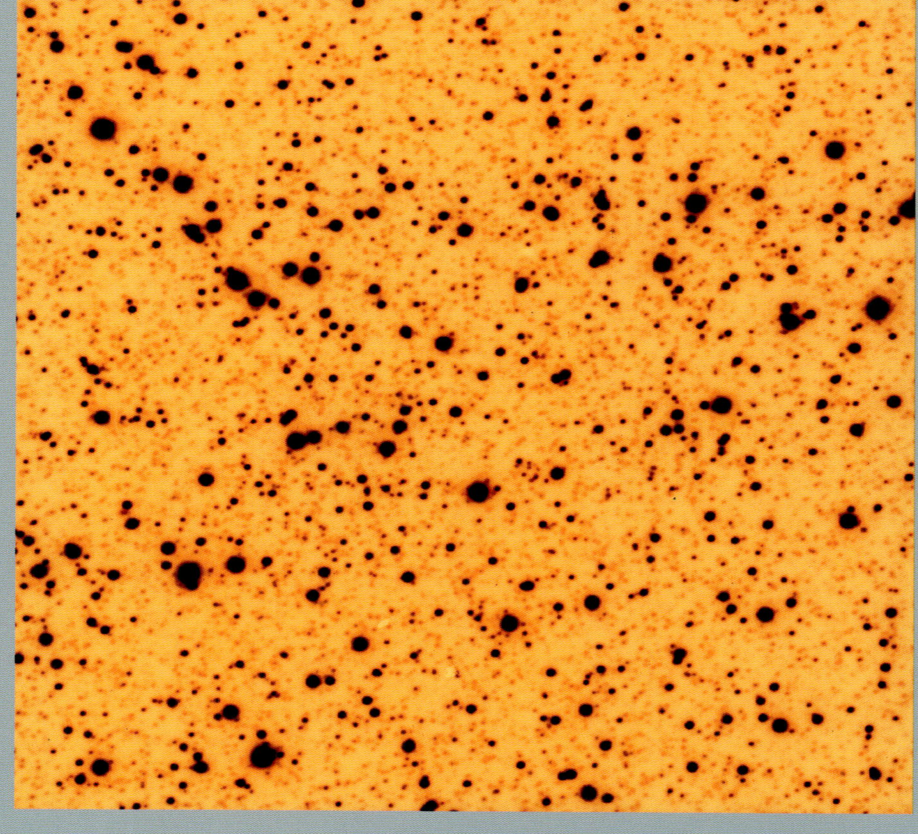

▶ Ein Rohbild vom Zentrum des Kugelsternhaufens Omega Centauri. Es ist kein tolles Astrofoto, aber es zeigt den Experten eines: Die Sterne sind im gesamten Bildfeld überall perfekt rund und scharf abgebildet. Und das ist es, was beim First Light vor allem zählt.

▶ Eines der offiziellen First-Light-Fotos des UT1: Der Schmetterlingsnebel NGC 6302.

▼ Unten links: Die Anspannung ist dem Softwareingenieur Krister Wirenstrand und dem Astronomen Jason Spyromilio deutlich anzusehen, der entscheidende Moment steht kurz bevor.

▼ Unten rechts: Hier sehen die Beteiligten entspannter aus, denn es ist geschafft: Der erste Stern ist auf dem Bildschirm erkennbar. Und er sieht perfekt aus.

DIE WÜSTE

Astronomische Observatorien werden an extremen Orten gebaut, weil sie extreme Bedingungen erfordern. Wolkenloser Himmel, trockene Luft, große Höhe, keine künstlichen Lichtquellen in der Nähe, geringes Temperaturgefälle zwischen Tag und Nacht und niedrige Luftturbulenzen sind die wichtigsten Parameter für einen idealen Standort. Meist werden auf mehreren Berggipfeln über viele Jahre Wetter- und Atmosphärendaten gemessen, bevor schließlich der endgültige Ort ausgewählt wird.

Der 2635 Meter hohe Cerro Paranal ist so ein idealer Berg. Hier regnet es bei jährlich über 300 wolkenlosen Tagen und Nächten so gut wie nie. Die Luftfeuchtigkeit beträgt im Durchschnitt nur 5 % und die nächste Stadt Antofagasta ist 110 km (Luftlinie) entfernt. Die Wüstenlandschaft in der Umgebung ist charakteristisch für regenlose Orte: Die Hügel sind lediglich durch Wind rund geformt; tief eingeschnittene Täler, wie sie normalerweise durch Wassererosion entstehen, gibt es kaum. Auch Pflanzenbewuchs existiert hier praktisch nicht. Es ist eine Landschaft, die dem Mars kaum ähnlicher sein könnte.

Auf den ersten Blick erscheint die Gegend äußerst lebensfeindlich. Nimmt man sich aber etwas Zeit und schaut genauer hin, finden sich auch hier Lebensformen, die sich erstaunlich gut an diesen extremen Ort angepasst haben. Dreht man etwa bei einem Spaziergang in der näheren Umgebung von Paranal ein paar Steine um, so kann man mit etwas Glück zum Beispiel eine Spinne oder vielleicht sogar einen kleinen Skorpion entdecken.

Alle paar Jahre regnet es doch einmal, dann sprießen nach einigen Wochen hier und da kleine Pflänzchen aus dem Boden. Es ist zwar nicht zu vergleichen mit der berühmten „Desierto Florido“, der blühenden Wüste etwas weiter im Süden, aber immerhin. Dann kann es sogar passieren, dass gelegentlich ein Schmetterling an Paranal vorbeiflattert.

Weiter unten, in Richtung Küste, befinden sich in einigen einsamen Tälern uralte Felsmalereien. Die vermutlich über 1000 Jahre alten Motive zeigen Robben, große Schwertfische und sogar Walfangszenen. Einige dieser Zeichnungen wurden erst vor wenigen Jahren in einem versteckten und schwer zugänglichen Tal entdeckt.

Erreicht man schließlich unweit vom Pazifik die steilen Abhänge der Küstenkordillere, dann wird es plötzlich doch ein wenig grün. Hier wächst eine sehr spezialisierte, an Trockenheit angepasste Pflanzenwelt, die sogenannte Loma-Vegetation. Karge Sträucher und einige wenige Blumen wechseln sich mit verschiedenen Kakteenarten ab. Und wo Pflanzen sind, gibt es natürlich auch Tiere: Vögel, Eidechsen, Insekten, sogar eine Geckoart und gelegentlich einen Fuchs kann man hier mit etwas Glück antreffen. ■

◄ Ein Blick aus der Ferne auf die silbernen Teleskopkuppeln. Die Staubpfanne im Vordergrund ist der tiefste Punkt in diesem kleinen Tal. Bei einem der seltenen Regenfälle füllt sich die Senke mit Wasser und bildet vorübergehend eine kleine Lagune. Ein paar Wochen später ist sie wieder ausgetrocknet.

◀ Große runde Felsblöcke an einem Abhang in der Nähe des Paranal

▼ Der 6739 Meter hohe Llullaillaco markiert im Osten die Grenze zu Argentinien. Dass man diesen Vulkan in einer Entfernung von 190 km noch so klar erkennen kann, verdeutlicht, wie extrem transparent die Luft der Atacama ist.

◀ Vom Paranal in Richtung Westen ist die 15 Kilometer entfernte Küste in Sichtweite. Unter der Wolkenschicht schimmert das Blau des Pazifischen Ozeans hindurch.

▲ ► In der extremen Trockenheit um Paranal findet sich gerade einmal eine Handvoll spezialisierter Pflanzenarten. Die meisten davon sprießen nur für kurze Zeit nach einem der seltenen Regenfälle. Wenige Wochen später sind von ihnen nur noch ein paar vertrocknete Stängel übrig.

◄ ▲ Die Graumöwe (*Larus modestus*) legt ihre Eier bis zu 100 km von der Küste entfernt in die lebensfeindliche Wüste. Die Altvögel fliegen täglich die lange Strecke zum Meer, um Nahrung zu besorgen. Man nimmt an, dass sie diese Strapazen in Kauf nehmen, da hier praktisch keine Raubtiere das Gelege oder die Jungvögel gefährden. Die Fotos von Ei und Küken wurden im Abstand von etwa einer Woche unweit vom Paranal aufgenommen.

► Die einsame Pazifikküste in der Nähe des Paranal

▼ Die Küstenkordillere bildet eine unüberwindliche Barriere für die Wolken, die sich über dem Meer bilden.

▲ Einige Wochen nach einem sehr seltenen Regen erblüht die sonst karge Küstenwüste.

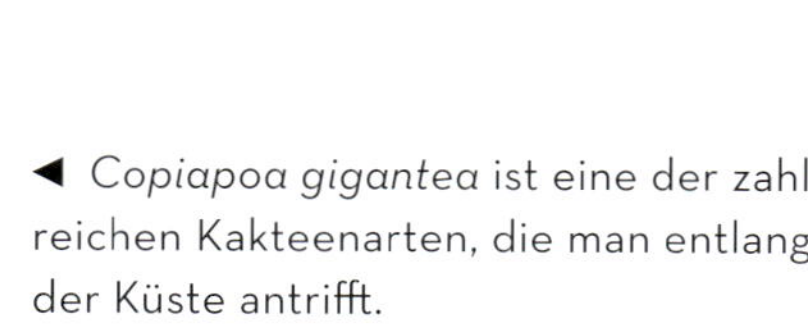

◀ *Copiapoa gigantea* ist eine der zahlreichen Kakteenarten, die man entlang der Küste antrifft.

▼ Eidechsen wie dieser Tarapaca-Echse begegnet man in der Wüste regelmäßig.

▲ *Euphorbia lactiflua* ist eine endemische Pflanze, die zu den Wolfsmilchgewächsen gehört. Sie ist bestens an das Wüstenklima angepasst.

◀ Auch Vögel wie die Kordilleren-ammertangare (*Phrygilus gayi*) finden in der Nebeloase ihr Auskommen.

▲ In den höheren Lagen der Küstenberge stauen sich die vom Meer heranziehenden Wolken. Flechten und Kakteen sind in der Lage, diese Feuchtigkeit für sich zu nutzen und gedeihen hier stellenweise sogar recht üppig.

► Um zu den entlegenen Felsmalereien im Izcuña-Tal zu gelangen, ist ein Allradfahrzeug unentbehrlich.

▲► Felsmalereien von frühen Küstenbewohnern sind einige der Schätze, die in entlegenen Tälern verborgen liegen. Diese erst kürzlich entdeckten Malereien zeigen Menschen in kleinen Booten beim Walfang. Auf anderen Bildern sind Robben und große Fische dargestellt.

ESO
PARANAL

▲ ► Oben und rechts: Man muss schon sehr genau hinschauen, um manche Tiere in der Wüste zu entdecken. Der Skorpion und die Heuschrecke sind farblich äußerst gut an die Umgebung angepasst.

◄ Gelegentlich kommt ein Fuchs am Observatorium vorbei und erfreut sich an einem Schluck Wasser, der ihm dort angeboten wird.

THEMA

WÜSTE UND STERNWARTEN

Die Atacamawüste gilt als einer der trockensten Orte der Erde. In der Umgebung des Paranal beträgt der Niederschlag im Jahresdurchschnitt gerade einmal ein bis zwei Millimeter. Es gibt aber auch Jahre, in denen kein einziger Tropfen Regen fällt.

Doch warum ist dieser Landstrich so extrem trocken? Drei Faktoren kommen hier zusammen: Die Atacama liegt in einem der beiden Wüstengürtel der Erde, die entlang der Wendekreise verlaufen. Sie gehört daher zu den sogenannten Wendekreiswüsten. Hier herrschen aufgrund der konstant absinkenden Luft, die zuvor über dem Äquator durch die starke Sonneneinstrahlung aufgestiegen ist, äußerst stabile Hochdruckverhältnisse, die sehr trockene Luft mit sich bringen.

Der zweite entscheidende Faktor erklärt sich durch den Einfluss des kalten Humboldtstroms, der von der Antarktis kommend entlang der Küste Chiles nach Norden zieht. Das kalte Wasser sorgt dafür, dass die feuchte Meeresluft vom Pazifik kaum nach oben steigt, denn kalte Luft ist schwerer als warme. Es bildet sich eine sogenannte Inversionsschicht, die als niedrige, meist geschlossene Wolkendecke über dem Meer in Erscheinung tritt. An Land trifft sie auf die 1000 bis 2000 Meter hohe Küstenkordillere, die für die Schichtwolken eine unüberwindbare Barriere bildet. Die feuchte Luft steigt normalerweise nicht höher als 600 bis 900 Meter und hüllt die Küstenberge regelmäßig in Nebel. In Chile wird dieser Küstennebel „Camanchaca“ genannt.

Auf einem schmalen Küstenstreifen und an den steilen Hängen der Berge schafft diese Feuchtigkeit vielerorts die Lebensgrundlage für eine einzigartige Pflanzenwelt. Dort konnte sich eine hoch spezialisierte Lebensgemeinschaft mit vielen endemischen Pflanzen und Tieren entwickeln, welcher die geringe Feuchtigkeit des Nebels zum Leben genügt.

Schaut man von den Höhen des Paranal in Richtung Westen zum nur 15 Kilometer entfernten Pazifik hinunter, so sieht man fast immer eine geschlossene Wolkendecke über dem Meer. Das Observatorium befindet sich knapp 2000 Meter darüber. Nur sehr selten, etwa beim Durchzug einer Kaltfront, löst sich die Inversionsschicht auf und Wolken können bis zu den Teleskopen aufsteigen. Direkt hinter der Barriere der Küstenkordillere beginnt die praktisch vegetationslose Zone, die man als hyper-aride Wüste bezeichnet und in der auch der Paranal liegt.

Auch von Osten her kann kein Regen in diese Zone gelangen, denn die feuchte Atlantikluft wird von der Kette der Anden abgeblockt. Die Hochanden bilden eine Barriere mit einer 4000 bis 5000 Meter hohen Ebene, aus der zahlreiche, zum Teil über 6000 Meter hohe Vulkane herausragen. Lediglich im Hochsommer (das ist auf der Südhalbkugel der Januar und Februar) schaffen es gelegentlich sehr hoch aufsteigende Gewitterwolken, aus den tropischen Regionen Argentiniens über die Anden zu gelangen, und können Wolken und Feuchtigkeit auch schon mal bis zum Paranal bringen.

Die beschriebenen geografischen Besonderheiten sorgen dafür, dass die Atacama sehr wahrscheinlich die trockenste Wüste der Erde ist. „Sehr wahrscheinlich“ deshalb, da es bis heute nicht genügend langfristige Messwerte gibt, um das auch wissenschaftlich zu belegen.

Die vielen wolkenlosen Nächte (über 300 pro Jahr) und die niedrige Luftfeuchtigkeit (im Mittel 5 %) sind aber nur zwei wichtige Parameter, die einen idealen Teleskopstandort auszeichnen. Der Ort sollte außerdem möglichst hoch gelegen sein, denn je weniger störende Luftschichten das Licht durchlaufen muss, bevor es zum Teleskop gelangt, desto besser. Mit gut 2600 Metern Höhe erfüllt der Cerro Paranal auch diesen Punkt.

Für Astronomen ist zudem die Luftruhe von großer Wichtigkeit, denn wenn die Sterne in unruhiger Atmosphäre stark funkeln, bedeutet das, dass die Luft turbulent und somit die Bildqualität schlecht ist. Da der Paranal nahe der Küste liegt und der Wind meist aus Richtung Meer kommt, ist der Luftstrom über dem Gipfel sehr laminar, also gleichförmig und ohne viele Verwirbelungen. Die Stärke des Luftflimmerns wird in der Fachsprache als „Seeing“ bezeichnet und in der Maßeinheit Bogensekunden angegeben. Vor dem Bau der Sternwarte wurden diese Daten über mehr als acht Jahre mit speziellen Instrumenten gemessen und ergaben für den Paranal einen extrem guten Wert. Ein weiteres Kriterium, das für den Standort sprach, war damit erfüllt.

Schließlich ist noch die Lichtverschmutzung ein sehr wichtiger Faktor. Im weiten Umkreis von Paranal gibt es keine menschliche Besiedlung, nur einsame Wüste. Die nächste Stadt ist Antofagasta, sie liegt etwa 110 km (Luftlinie) entfernt. Man sieht zwar nachts den fernen Lichtschein der Großstadt und auch die Beleuchtung einiger Kupferminen am Horizont, aber letztlich ist der Himmel über dem Paranal so dunkel, wie es heute nur noch an wenigen Orten der Welt der Fall ist. Und das wird wohl auch in Zukunft so bleiben, denn Chile hat 1999 ein Gesetz zum Erhalt des dunklen Himmels im Norden des Landes erlassen. ■

► Aus dem Flugzeug erkennt man gut, wie die Küstenberge das Eindringen der Wolken ins Landesinnere verhindern.

▲ Der in Chile „Camanchaca" genannte Küstennebel staut sich an den Bergen.

► Typisches Landschaftsprofil der Atacama von der Küste bis zum Vulkangürtel der Anden (vertikal überhöht).

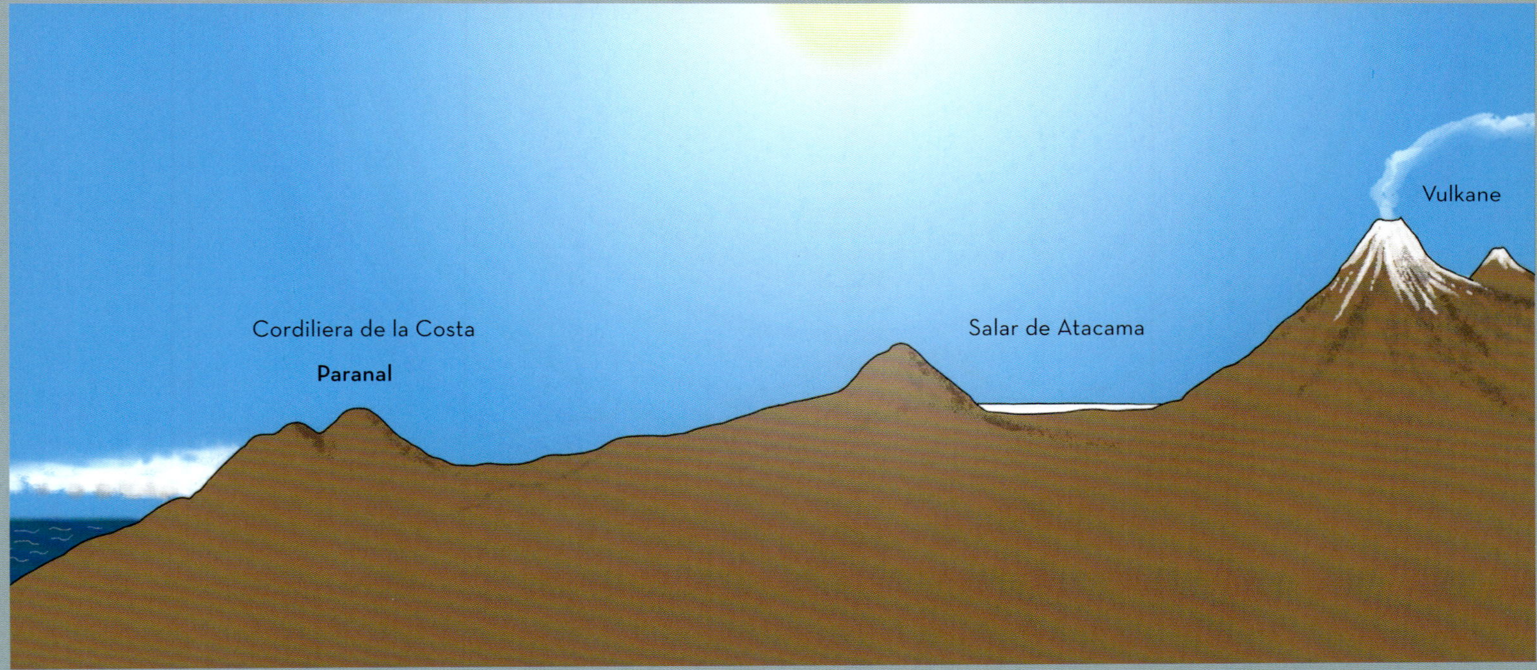

NACHTSCHICHT: DER HIMMEL ÜBER PARANAL

Wenn sich die Sonne dem Horizont nähert, beginnt auf Paranal für die Astronomen und Teleskop-Operatoren die Arbeit. Techniker haben die Teleskope um diese Zeit bereits hochgefahren, die großen Tore der Kuppeln geöffnet und übergeben nun alles betriebsbereit an die Nachtschicht. In den Teleskopgebäuden gehen die Lichter aus, es ist dann niemand mehr dort. Ab jetzt wird alles vom Kontrollraum aus gesteuert.

Immer noch ist die Vorstellung weit verbreitet, dass Astronomen nachts mit warmer Jacke und einer Thermoskanne Kaffee am Teleskop sitzen und dort durch ein Okular in die Sterne schauen. Dieses etwas romantische Bild gehört längst der Vergangenheit an. Tatsächlich mussten die Forscher früher die ganze Nacht in der eiskalten offenen Kuppel ausharren, mitunter sogar oben im Top-Ring, dem sogenannten Primärfokus, wo sie fotografische Glasplatten über Stunden belichteten.

Heute ist nachts niemand mehr direkt am Teleskop, es sei denn, es muss dort ein technisches Problem gelöst werden. Die Wissenschaftler sitzen im warmen Kontrollraum und schauen konzentriert auf Dutzende von Bildschirmen. Jedes Teleskop hat seine Bedienungskonsole, an der meist ein Teleskop-Operator und ein Astronom arbeiten. Ein heißer Kaffee steht jedoch auch heute nicht selten am Arbeitsplatz.

Zeit am Teleskop kostet Geld und ist sehr gefragt, sie muss effizient genutzt werden. Das Beobachtungsprogramm wird lange vorher am Computer in Form von sogenannten Observing Blocks vorbereitet, um nachts keine wertvolle Beobachtungszeit zu verlieren. Je nach atmosphärischen Bedingungen werden sie abgerufen, um die jeweiligen Konditionen optimal zu nutzen. Moderne Observatorien sind heute hocheffiziente Datenfabriken, nichts wird dem Zufall überlassen. Jede Minute Beobachtungszeit zählt! Oft brauchen die Forscher, die auf ihren Antrag hin Beobachtungszeit zugeteilt bekommen haben, noch nicht einmal zur Sternwarte zu reisen. ESO-Astronomen, die die Instrumente perfekt beherrschen, übernehmen für sie die Arbeit. Die Daten werden dem Nutzer anschließend online übermittelt.

Schaut man den Astronomen bei ihrer Arbeit über die Schulter, ist man oft enttäuscht. Denn auf den Bildschirmen im Kontrollraum sieht man keine farbenfrohen Bilder von Gasnebeln oder Galaxien. Die Bilder, die direkt vom Instrument kommen, sind erst mal nur einfarbig. Oft gibt es nicht einmal Bilder zu sehen, sondern für den Laien unverständliche Kurven und Muster. Das ist zum Beispiel der Fall, wenn Spektroskopie betrieben wird. Das Instrument zerlegt das Sternenlicht dazu in seine Farbkomponenten, um so Informationen über die chemische Zusammensetzung, Temperatur oder Bewegungsgeschwindigkeit des Objekts zu bekommen.

Die astronomischen Entdeckungen werden allerdings nur sehr selten im Moment der Beobachtungen gemacht. Die eigentliche Forschungsarbeit beginnt meist erst in den Wochen und Monaten danach, wenn die Daten ausgewertet werden und daraus schließlich wissenschaftliche Veröffentlichungen entstehen.

Gibt es während der Beobachtungen technische Probleme, so werden Ingenieure oder Techniker aus dem Bett geklingelt, die dann ihr Bestes tun, um möglichst noch während der Nacht eine Lösung zu finden.

Nach einer langen Arbeitsnacht geht bei Anbruch der Morgendämmerung für das Team die Nachtschicht zu Ende. Die Operatoren gehen zu ihren Teleskopen und beginnen mit der Shutdown-Prozedur. Wenig später, noch vor Sonnenaufgang, schließen sich die Kuppeltore. ■

◀ Das Very Large Telescope im schönsten Abendlicht

▲ Bei Sonnenuntergang trifft man sich auf der Teleskop-Plattform. Ein Astronom diskutiert hier mit einem Softwareingenieur.

◄ Die Teleskop-Plattform aus der Luft. Im Vordergrund das Kontrollgebäude, von dem aus die Teleskope gesteuert werden. Am Horizont fällt der Schatten des Paranal genau auf den 22 Kilometer entfernten Cerro Armazones, den Standort des im Bau befindlichen ELT.

▲ Eine Teleskop-Operatorin und ein Astronom bei der Arbeit im Kontrollraum.

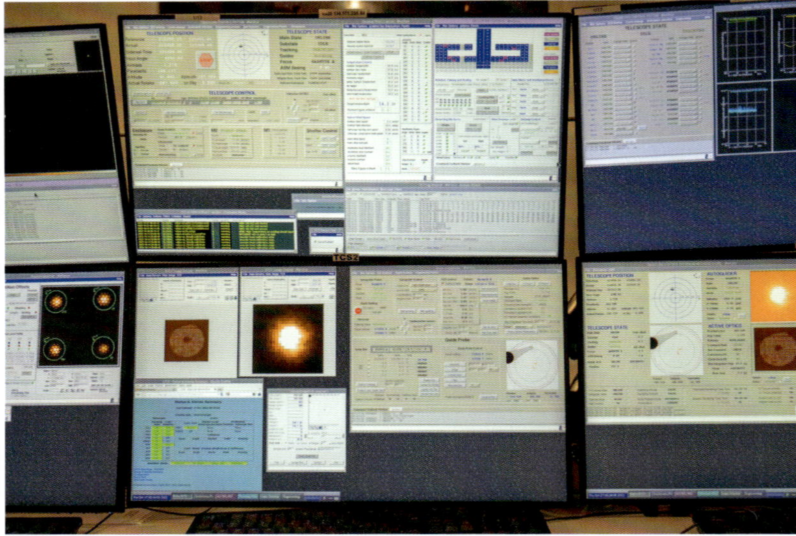

► Bildschirme der Teleskop-Bedienkonsole. Oben links werden die wichtigsten Teleskopinformationen angezeigt, rechts daneben die der Kuppel. Darunter die Konsole für den „Autoguider" mit Leitsternanzeige und Daten zur aktiven Optik.

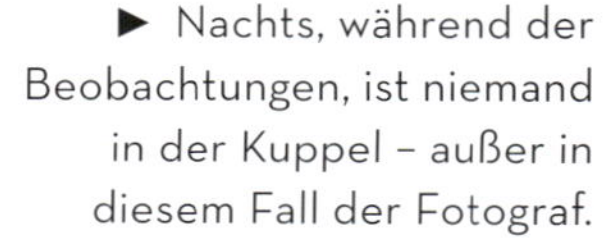

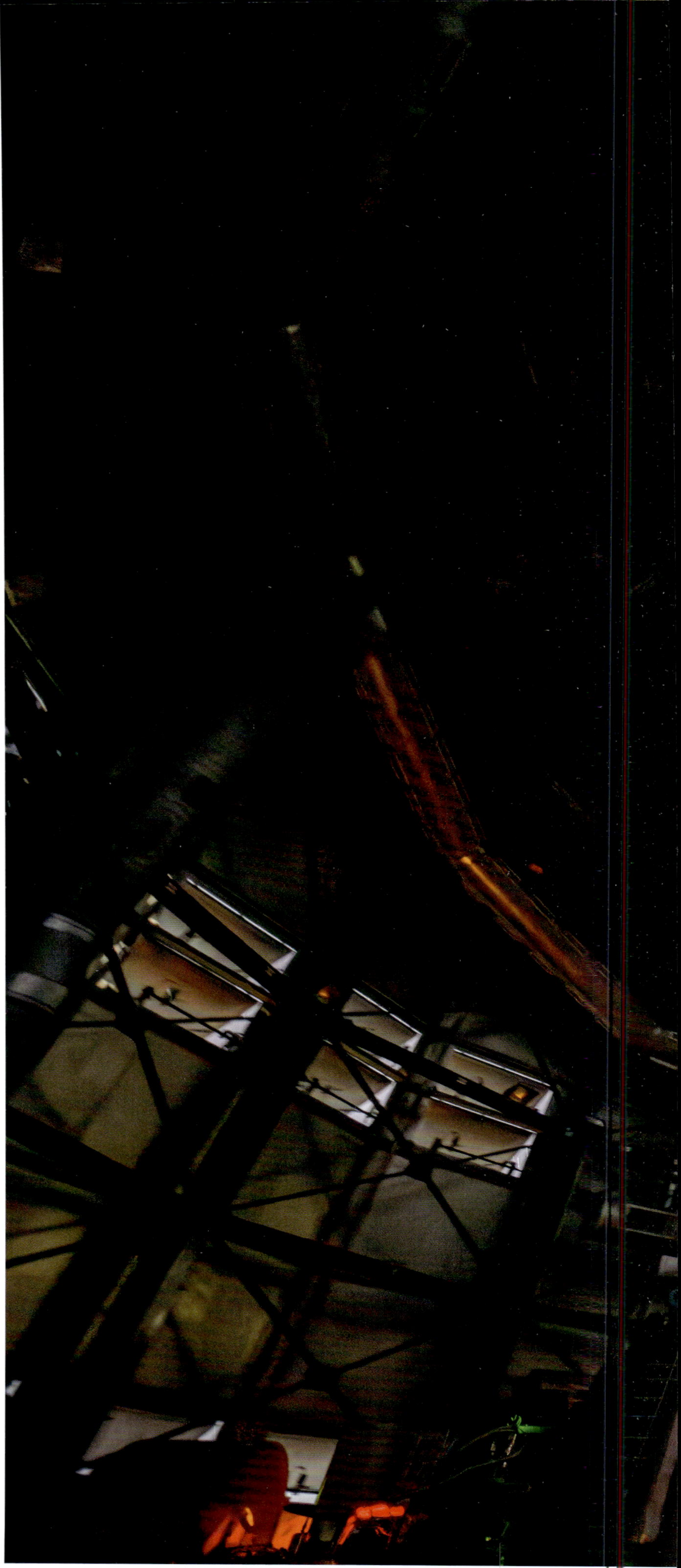

► Nachts, während der Beobachtungen, ist niemand in der Kuppel – außer in diesem Fall der Fotograf.

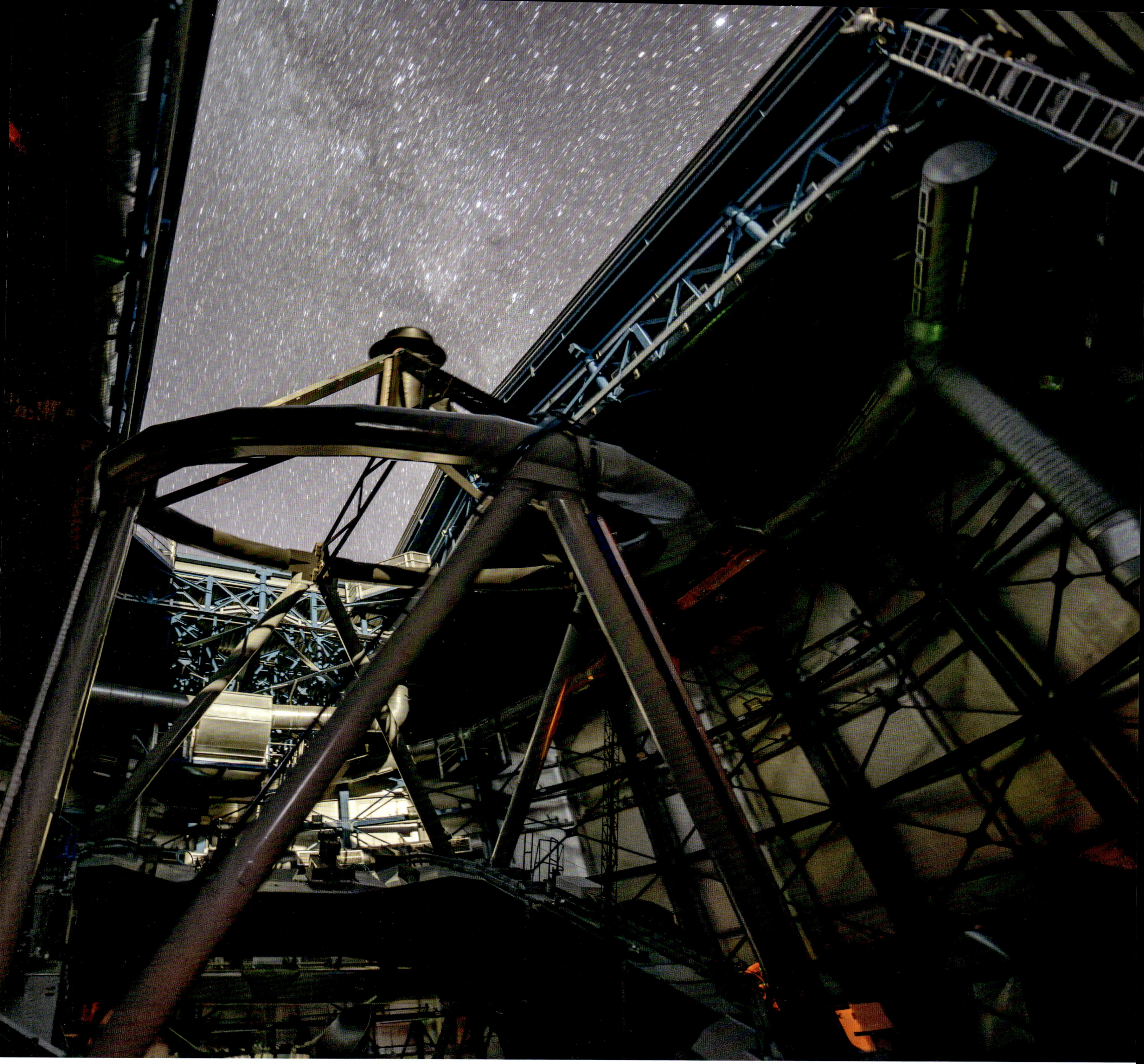

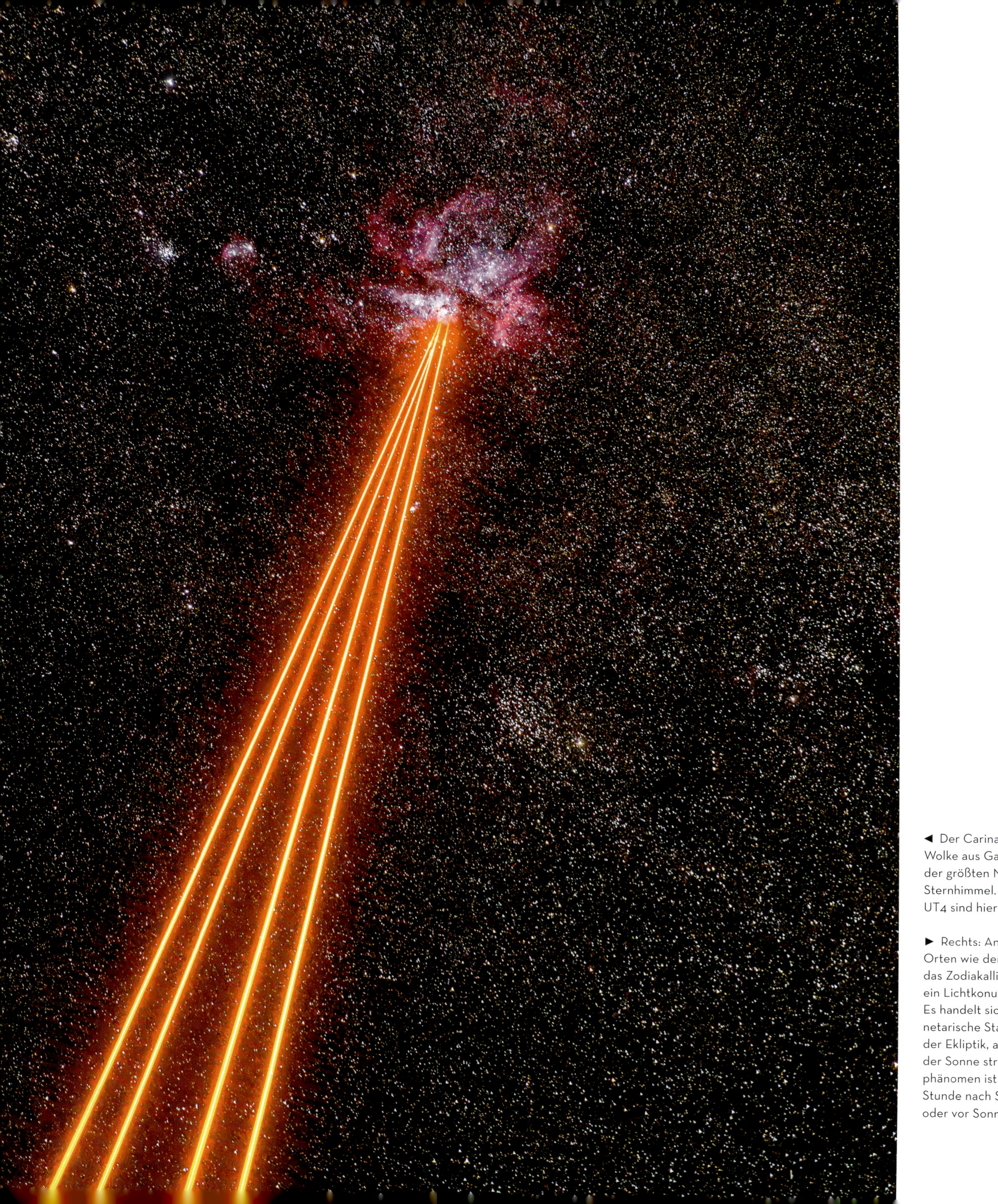

◄ Der Carinanebel, eine gewaltige Wolke aus Gas und Staub, ist einer der größten Nebel am südlichen Sternhimmel. Die vier Laser des UT4 sind hier auf ihn gerichtet.

► Rechts: An besonders dunklen Orten wie dem Paranal kann man das Zodiakallicht beobachten, ein Lichtkonus in Horizontnähe. Es handelt sich um eine interplanetarische Staubschicht entlang der Ekliptik, an dem sich das Licht der Sonne streut. Das Himmelsphänomen ist am besten etwa eine Stunde nach Sonnenuntergang oder vor Sonnenaufgang zu sehen.

1
2
3
4
5

◀ Eine besondere Konstellation am 1. Mai 2011: Auf diesem Foto sind fünf der acht Planeten unseres Sonnensystems zu sehen – die Erde mitgerechnet (1: Venus, 2: Merkur, 3: Jupiter, 4: Mars). Dazu gesellte sich noch der zunehmende Mond kurz nach Neumond. Im Hintergrund die Silhouette des Cerro Armazones (5) und des 6739 Meter hohen Vulkans Llullaillaco (6).

▲ Die Milchstraße, eingefangen am Rand der Straße zwischen dem Paranal und dem VISTA-Teleskop. Links am Bildrand die beiden Magellanschen Wolken, zwei Nachbargalaxien unserer Milchstraße, die nur von der Südhalbkugel aus zu sehen sind. Direkt unter dem galaktischen Zentrum leuchtet das Zodiakallicht. Links und rechts ist das Nachthimmelsleuchten (Airglow) zu beobachten: Durch die Ultraviolettstrahlung der Sonne werden in der Ionosphäre Gase zum Leuchten gebracht.

▲ Dieses spektakuläre Foto erforderte gute Planung. Der untergehende Vollmond als Hintergrund für das VLT, aufgenommen aus 20 Kilometer Entfernung mit einem Teleobjektiv.

▲ Nochmals der untergehende Vollmond, diesmal über der Wolkenschicht des Pazifiks. Durch unterschiedlich dichte Luftschichten erscheint der Mond unten stark verformt. Nur die außerordentlich klare Luft am Paranal ermöglicht es, dieses Phänomen überhaupt zu beobachten. Die blaugraue Schicht über dem Horizont ist der sogenannte Venusgürtel, die Projektion des Erdschattens in der Atmosphäre.

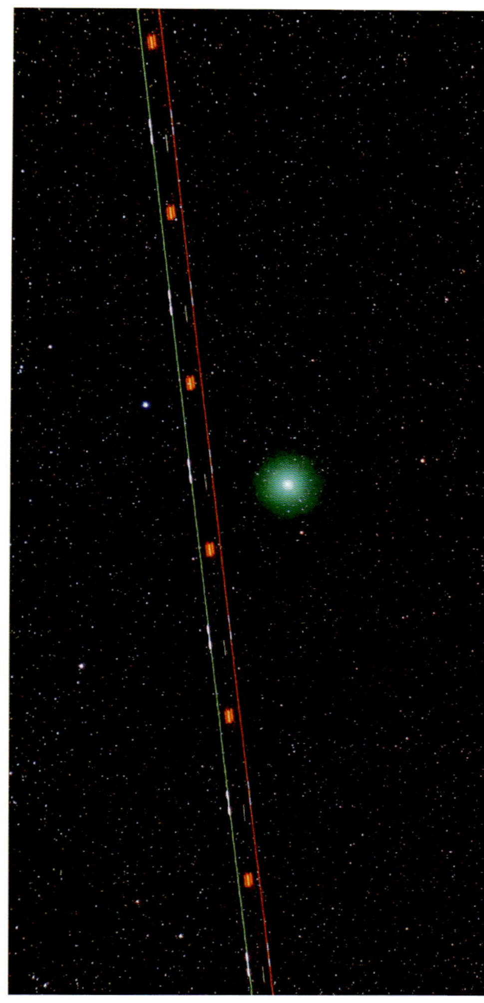

▲ Während einer Langzeitbelichtung des Kometen Wirtanen flog zufällig ein Flugzeug durch das Bildfeld und erzeugte die farbige Leuchtspur.

► Komet Lovejoy im Dezember 2014 neben den Plejaden über dem Paranal.

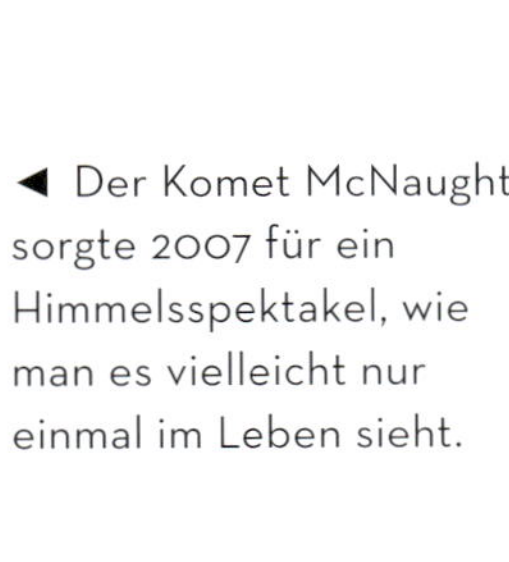

◄ Der Komet McNaught sorgte 2007 für ein Himmelsspektakel, wie man es vielleicht nur einmal im Leben sieht.

Diese sehr detailreiche Aufnahme des bekannten Orionnebels wurde mit der OmegaCAM des VST-Teleskops aufgenommen. Das Bildfeld entspricht in der Breite etwa dem doppelten Vollmonddurchmesser.

◄ Eine Seltenheit bei Nacht: Die Teleskope sind taghell erleuchtet. Gerade hat es ein leichtes Erdbeben gegeben und die Teleskop-Operatoren müssen einen Inspektionsrundgang machen, um alle Systeme zu checken. Dazu wird die komplette Beleuchtung benötigt. Eine halbe Stunde später ist alles wieder dunkel und die Beobachtungen gehen weiter.

▲ Bei anbrechender Morgendämmerung erscheinen Dämmerungsstrahlen über der Andenkette. Die dunklen Streifen werden durch weit hinter dem sichtbaren Horizont liegende Berggipfel, manchmal auch durch Wolken hervorgerufen. In der Mitte der abgeflachte Cerro Armazones und direkt darüber der Planet Venus.

◀ Vor Sonnenaufgang werden die Hilfsteleskope des Interferometers geschlossen und in den Tagmodus umgeschaltet.

THEMA

LASER UND ADAPTIVE OPTIK

Fotos des Paranal mit den leuchtenden, orangefarbenen Laserstrahlen am Himmel sehen spektakulär aus – ein wenig wie Science-Fiction. Doch wozu genau sind sie da, die Laser?

Erdgebundene Teleskope haben im Vergleich zu Weltraumteleskopen einen entscheidenden Nachteil: Das Licht der Sterne muss durch die Atmosphäre hindurch – und die besteht aus turbulenten Luftschichten, die das Bild verzerren. Das farbige Funkeln der Sterne ist dafür der sichtbare Beweis. Astronomen sind davon nicht besonders begeistert, denn es bedeutet, dass die Luft hin und her wabert, ähnlich wie über einer heißen Asphaltstraße.

Die gute Nachricht ist, dass moderne Technik es heutzutage ermöglicht, diesen Nachteil praktisch auszugleichen. Die sogenannte „adaptive Optik" (nicht zu verwechseln mit der aktiven Optik), die ursprünglich vom Militär entwickelt wurde, kann nämlich die „verbogenen" und wabernden Bilder, die sogenannten Wellenfrontstörungen, wieder „gerade" biegen. Das klingt unglaublich, ist aber wahr.

Das Licht aus dem All wird durch die Luft etwa so verzerrt, als würde es durch die wellige Wasseroberfläche eines Swimmingpools wandern. Schickt man das Licht nun im Teleskop über einen flexiblen Spiegel, der genau die entgegengesetzte Welligkeit hat, dann wird der Fehler praktisch ausgelöscht und das Bild ist wieder perfekt. Das muss in Echtzeit passieren, d.h. der Spiegel muss seine Form bis zu tausendmal pro Sekunde den Luftturbulenzen anpassen. Eine fast unglaubliche Leistung, die nur mit sehr leistungsfähigen Computern zu bewerkstelligen ist. Wenn man im Kontrollraum auf Paranal am Bildschirm Zeuge wird, wie praktisch auf Knopfdruck aus einem wabernden Klecks ein perfekter runder Stern wird, dann kommt man aus dem Staunen nicht heraus.

Wie misst man aber die Verzerrungen der Wellenfront? Dafür gibt es spezielle Bildsensoren, die mit einem Array aus winzigen Linsen versehen sind. Fällt das Licht eines Referenzsterns auf diese Linsenmaske, so ergibt sich normalerweise ein regelmäßiges Punktmuster auf dem Bildsensor. Jede kleine Abweichung davon bedeutet, dass die Wellenfront verzerrt ist. Sehr schnelle Prozessoren analysieren die Informationen und verstellen den adaptiven Spiegel so, dass die Verzerrungen ausgeglichen werden.

Der Referenzstern muss allerdings eine gewisse Mindesthelligkeit haben und sich außerdem nah an dem zu beobachtenden Objekt befinden. Existiert so ein Stern, hat man Glück. Leider ist das aber oft nicht der Fall.

Genau hier kommt der Laser ins Spiel: In einer Höhe von etwa 90 Kilometern (in der Mesosphäre) befindet sich eine Schicht aus Natriumatomen. Das Laserlicht hat eine Wellenlänge von 589 Nanometern – genau die Wellenlänge, die das Natriumgas zum Leuchten anregt. Auf diese Weise entsteht dort oben ein kleiner leuchtender Punkt, der für das Teleskop wie ein künstlicher Stern aussieht. Man zielt mit dem Laser also einfach in die Nähe des Beobachtungsobjekts, und schon hat man den „Referenzstern", den man für die adaptive Optik braucht.

Der erste Laser wurde 2006 installiert, er hatte allerdings recht häufig technische Probleme. Das System wurde deshalb nach einigen Jahren mit neuer und besserer Technik modernisiert. Seit 2016 sind die vier 22 Watt starken Laser des 4LGSF (4 Laser Guide Star Facility) so gut wie jede Nacht in Betrieb. Damit ist das Teleskop UT4 in der Lage, fast jeden Punkt des sichtbaren Himmels mit adaptiver Optik zu beobachten. ■

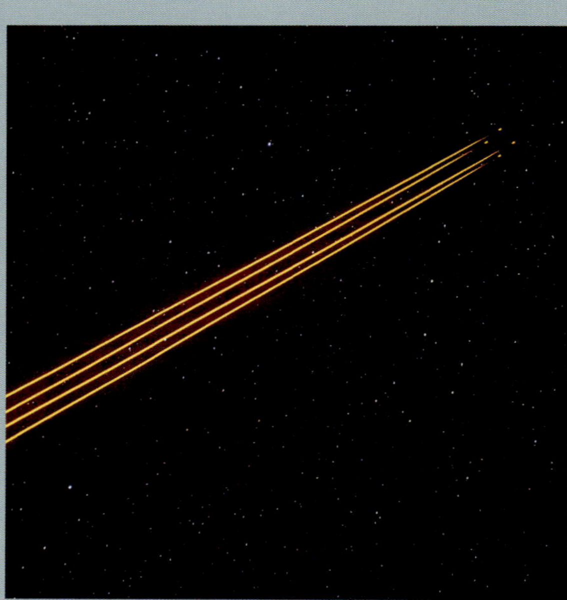

▲ Hier wurden die vier Laser mit einem Teleobjektiv aufgenommen und zeigen am Ende der Strahlen die vier künstlichen Sterne.

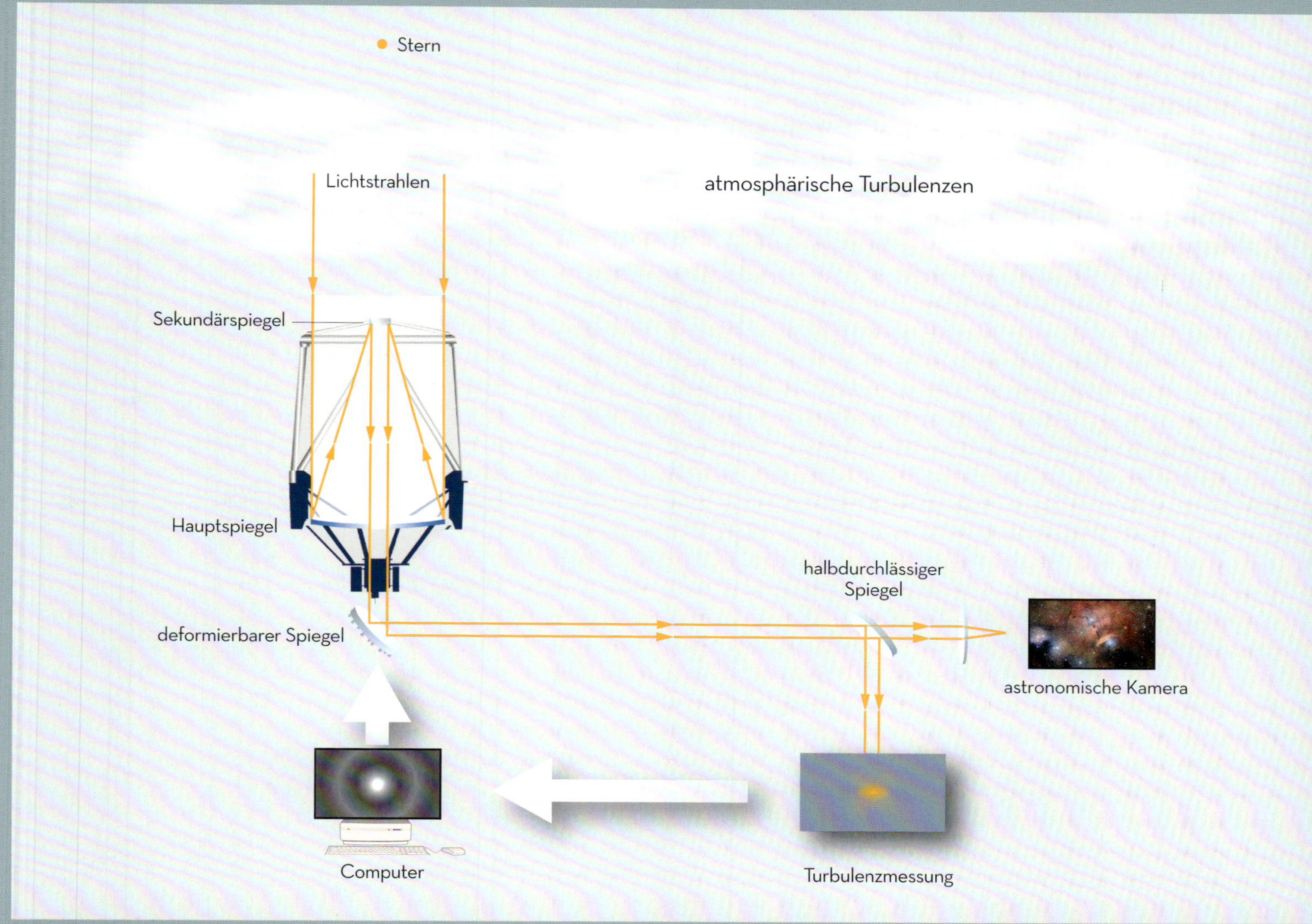

◀ Das Prinzip der adaptiven Optik: Vor dem Instrument wird ein Teil des Bildes durch einen halbdurchlässigen Spiegel ausgekoppelt und auf den Wellenfrontsensor geleitet, der die Bildfehler misst. Der Computer berechnet die neue Einstellung für den deformierbaren Spiegel und korrigiert so das Bild. Beim UT4 fungiert inzwischen der M2-Spiegel als deformierbarer Spiegel.

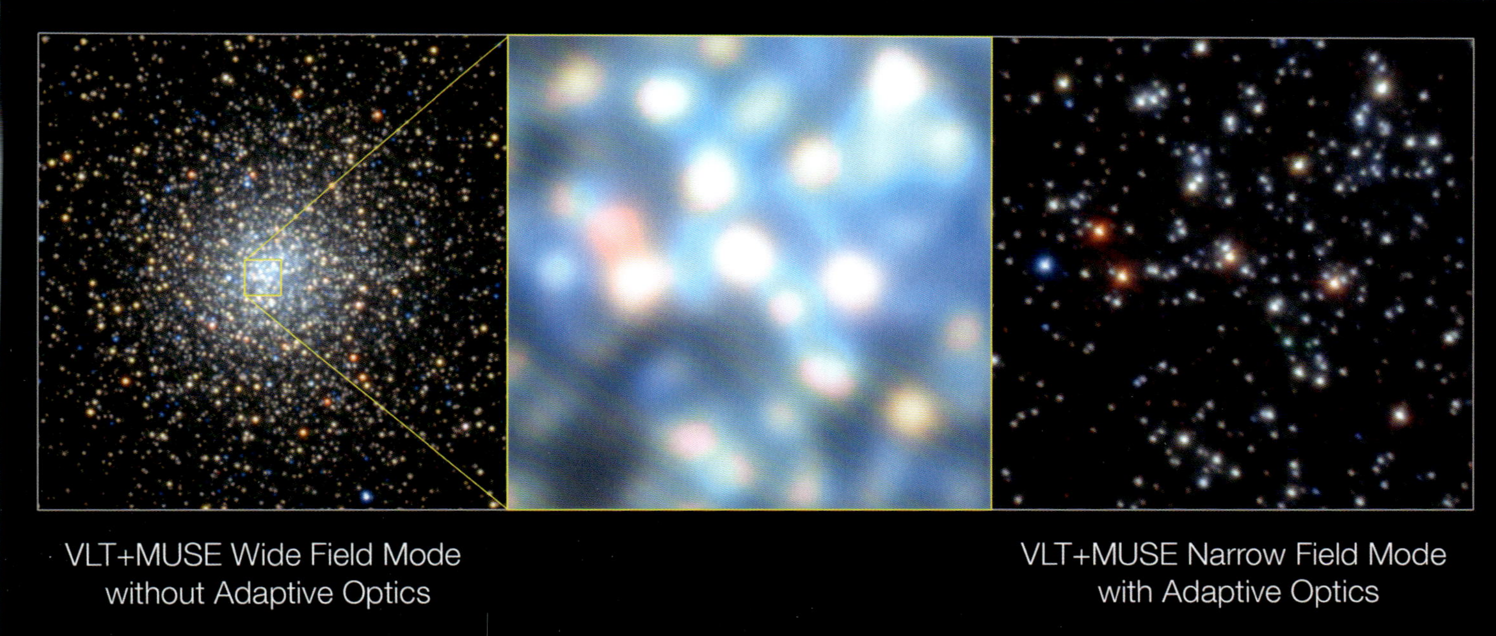

◀ Die Bildsequenz verdeutlicht, was die adaptive Optik leistet. Links: die Aufnahme eines Kugelsternhaufens ohne adaptive Optik. Mitte: ein kleiner Ausschnitt aus dem Zentrum, beeinträchtigt durch die Erdatmosphäre. Rechts: nach der Korrektur durch die adaptive Optik ist der Gewinn an Details deutlich zu erkennen.

INTERFEROMETRIE: EIN VIRTUELLES RIESENTELESKOP

Astronomen möchten gerne immer größere Teleskope haben, um mehr und feinere Details beobachten zu können. Da das aus technischen und Kostengründen aber an Grenzen stößt, haben sie andere Lösungen ersonnen. Und das geht so: Führt man das Licht mehrerer Teleskope an einem Punkt zusammen und überlagert es dort, kann man die Auflösung eines viel größeren Teleskops erzielen. Die Lichtwellen der verschiedenen Teleskope müssen allerdings äußerst präzise vereinigt werden, sonst funktioniert die Überlagerung nicht (siehe auch „Thema: Interferometrie" auf Seite 108).

Diese Interferometrie genannte Technik wird in der Radioastronomie schon seit den 1950er-Jahren genutzt. Bei den im Vergleich zu Licht sehr viel längeren Radiowellen (etwa Faktor 1000) ist die Synchronisation zwischen den Teleskopen technisch wesentlich einfacher zu bewerkstelligen. Optische Interferometer gibt es dagegen nur wenige, und das VLTI (Very Large Telescope Interferometer) ist in vielerlei Hinsicht das leistungsfähigste.

Als das Very Large Telescope konzipiert wurde, hatte man von vornherein auch ein Interferometer mit eingeplant. Dazu wurde ein System aus Tunneln und Lichtröhren unter der Teleskop-Plattform installiert. Die vier mobilen Hilfsteleskope (Auxiliary Telescopes oder ATs) können auf insgesamt 30 Stationen in verschiedenen Kombinationen positioniert werden. Um Bilder mit einem Interferometer zu erhalten, werden mehrere Teleskope benötigt, die auf verschiedenen sogenannten Basislinien angeordnet sind. Kann man die Teleskopanordnung variieren, erhält man noch mehr Basislinien und somit detailreichere Bilder. Je mehr verschiedene Basislinien man hat, desto besser. Am Ende wird aus allen Daten mithilfe von Software ein Bild rekonstruiert.

Die Hilfsteleskope des VLT werden ausschließlich für den Interferometriebetrieb eingesetzt. Aber auch die vier Hauptteleskope (UTs) schaltet man regelmäßig zusammen. Weil sie deutlich größere Spiegel haben, lassen sich mit ihnen noch viel lichtschwächere Objekte beobachten. Das VLT wird auf diese Weise zu einem 130-Meter-Superteleskop mit einer Auflösung, die dem Durchmesser einer Münze auf dem Mond entspricht.

So lassen sich mit dem VLTI sogar Details auf der Oberfläche von Sternen erkennen, die vorher selbst mit den größten Teleskopen nur als Punkt sichtbar waren. In den letzten Jahren wurden unter anderem auch regelmäßig die Sterne, die um das Schwarze Loch im Zentrum unserer Milchstraße kreisen, mit bislang unerreichter Genauigkeit beobachtet.

In naher Zukunft werden außer dem UT4 auch die anderen drei UTs mit Lasern ausgestattet und mit verbesserter adaptiver Optik versehen. Betreibt man dann alle vier UTs als Interferometer, wird das Riesenauge VLT nochmals mehr sehen können. Weitere spektakuläre Entdeckungen sind zu erwarten. ■

◀ Das Interferometer von oben: Gut zu erkennen ist die trapezähnliche Anordnung der vier Hauptteleskope. Das Schienennetz ermöglicht das Umstellen der Hilfsteleskope zwischen 30 Stationen. Der Delay-Line-Tunnel verläuft diagonal über die Plattform, daran angrenzend im Zentrum das VLTI-Gebäude, in dem das Licht zusammenläuft.

▲ Im März 2011 wurden zum ersten Mal alle vier UTs gemeinsam im Interferometriemodus betrieben. Das Bild zeigt genau diesen Moment. Auch wenn es durch den Weitwinkeleffekt der Kamera nicht so erscheint, so blicken doch alle Teleskope auf denselben Stern.

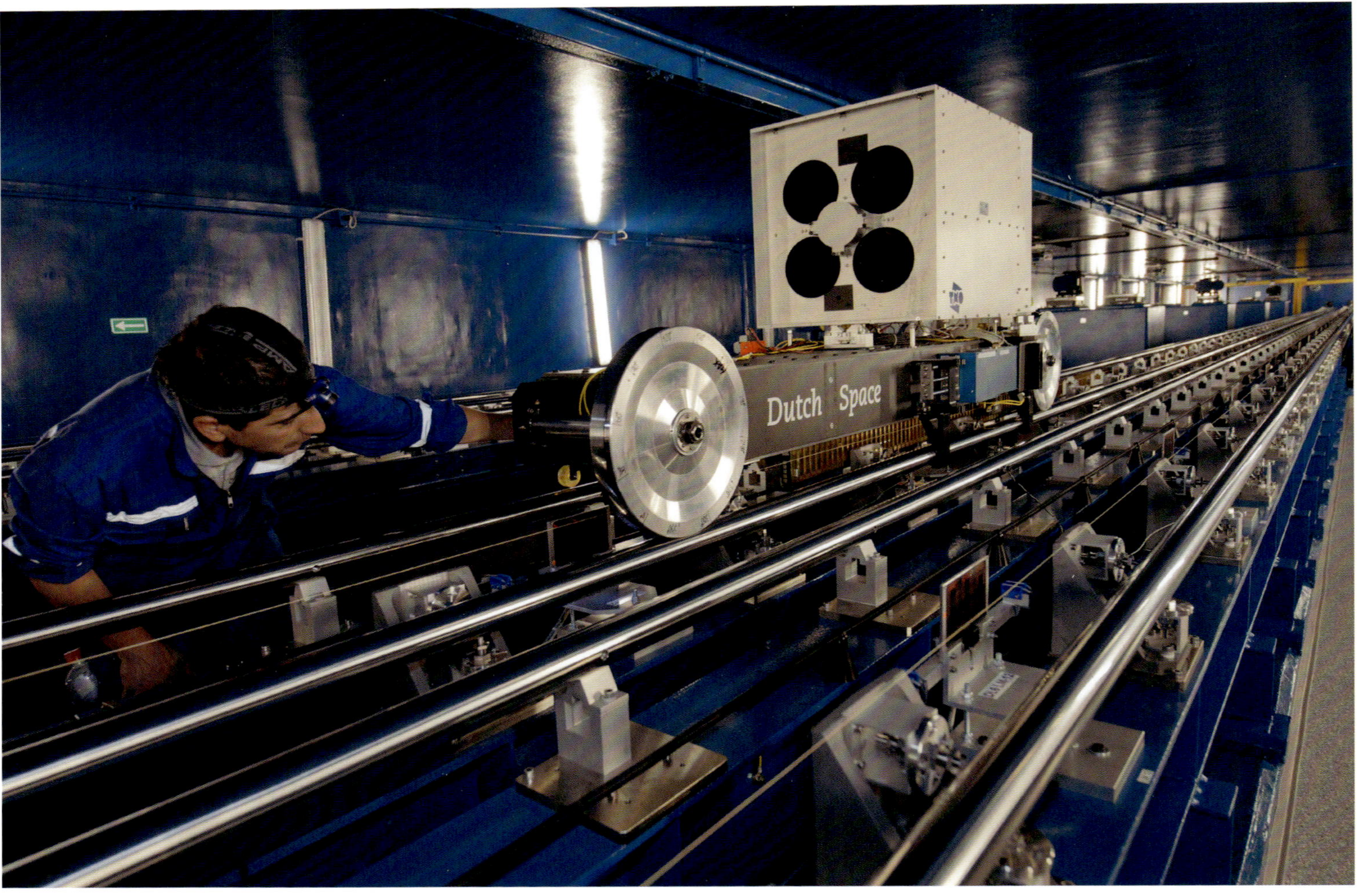

▲ Im Delay-Line-Tunnel: Mit den Schienenfahrzeugen werden die unterschiedlich langen Lichtwege der vier Teleskope auf gleiche Länge gebracht, so dass die Lichtwellen aller Teleskope am Ende gleichzeitig am Instrument ankommen – auf einen Mikrometer genau!

► Zwei Hilfsteleskope im Abendlicht. Im oberen Teil sind die Sensoren sichtbar, die die Lichtweglängen zwischen Teleskop und Instrument messen.

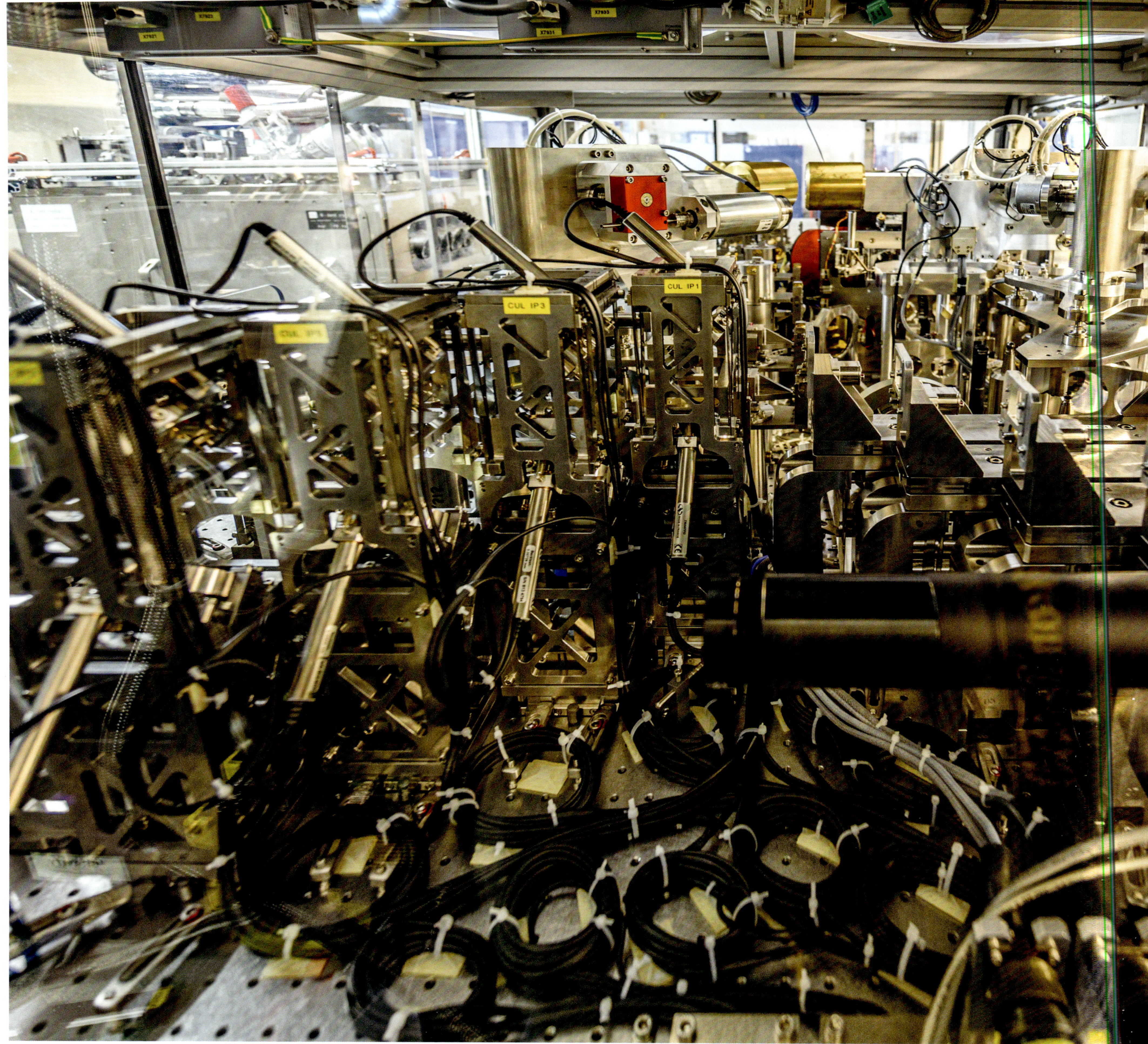
CUL IP3
CUL IP1

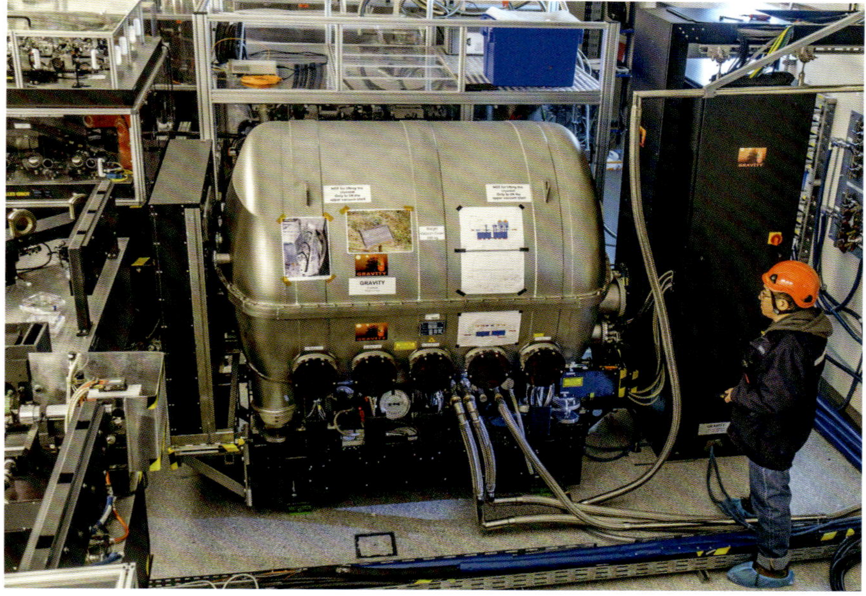

▲ Das Instrument GRAVITY im VLTI-Labor

◄ Ein Blick in das VLTI-Labor, das sich im Keller des VLTI-Gebäudes in der Mitte der Teleskop-Plattform befindet. Hier wird das Sternenlicht von vier Teleskopen in sehr komplexen Optiken zusammengeführt, so entstehen die Interferenzmuster oder „Fringes“.

▼ Die optischen Elemente im VLTI-Labor müssen regelmäßig justiert werden, was hier nur von oben möglich ist.

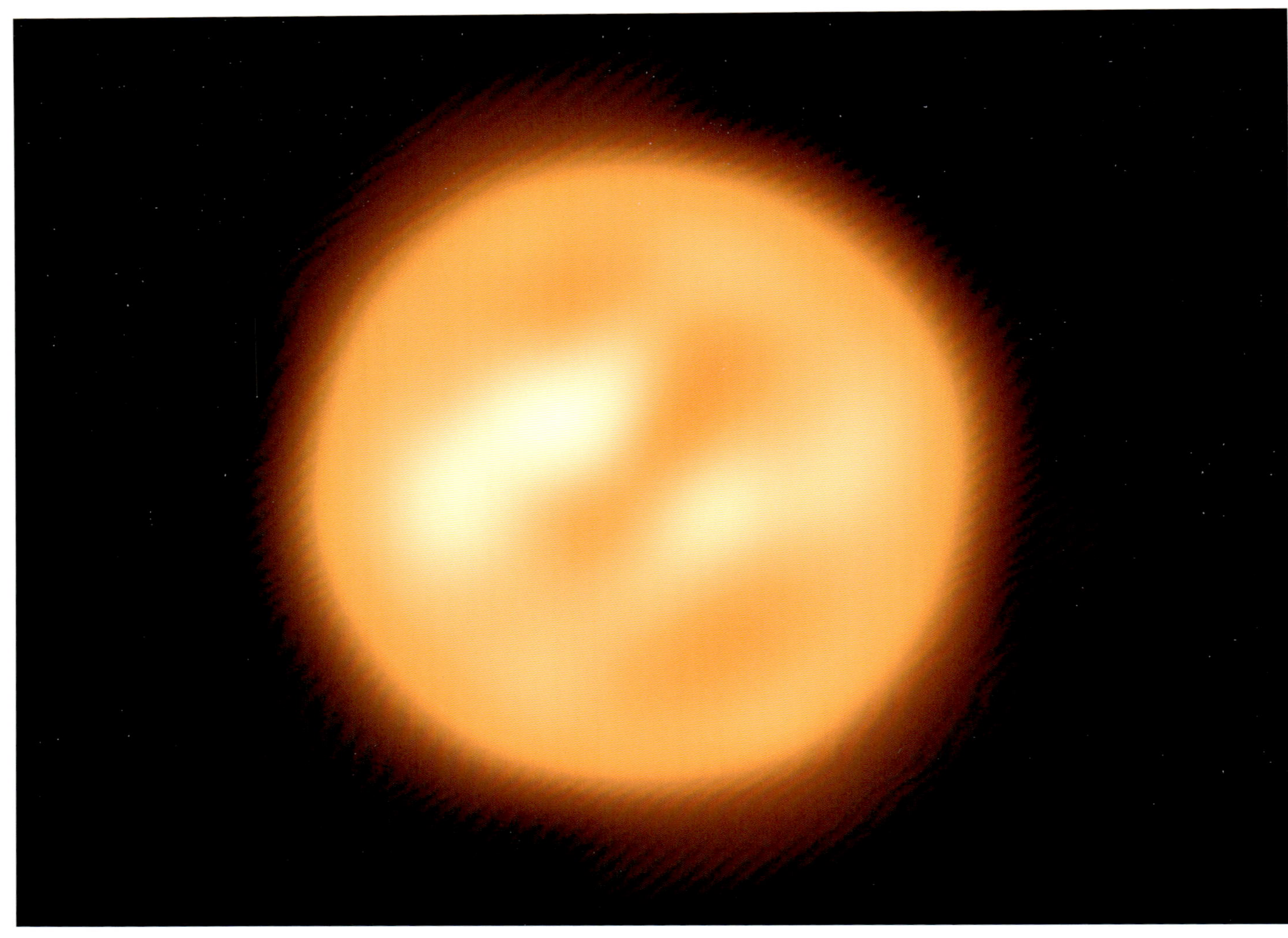

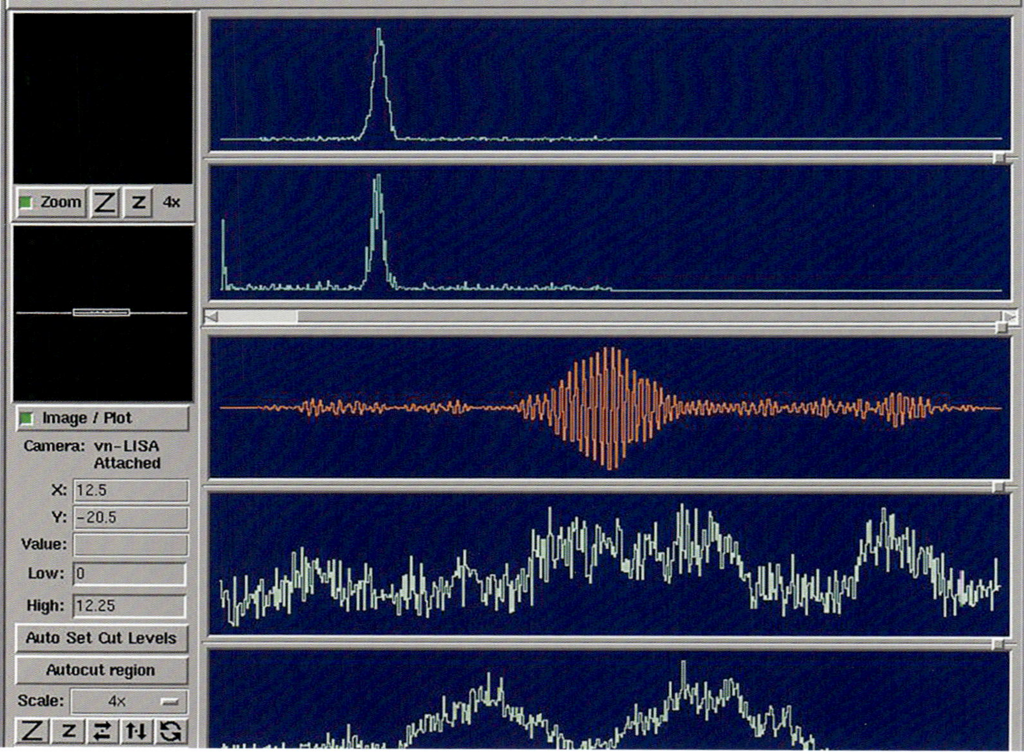

▲ Mit dem VLTI haben Astronomen das bisher detailreichste Bild des 600 Lichtjahre entfernten roten Überriesen Antares im Sternbild Skorpion erstellt. Es gab bis dahin kein Bild eines Sterns, außer unserer Sonne, das so viele Details zeigt.

◀ So sehen die Interferenzmuster am Bildschirm aus, wenn das Licht von zwei Teleskopen kohärent überlagert wird (mittleres Diagramm, rotbraune Linie).

▲ Der als Trapez bekannte offene Sternhaufen im Orionnebel. Das Bild wurde mit dem VLT-Instrument ISAAC im Infrarotlicht aufgenommen. Oben rechts eine Detailaufnahme des Hubble Space Telescope. Darunter ein VLTI-Bild des hellsten Sterns Theta 1 Orionis C. Über elf Jahre hat ein Team von Astronomen den Orbit des Doppelsterns mit dem VLTI-Instrument AMBER verfolgt.

THEMA
INTERFEROMETRIE

Die theoretische optische Auflösung eines Teleskops (also die Details, die man gerade noch erkennen kann) steht in direktem Zusammenhang mit seinem Durchmesser und damit der Größe des Hauptspiegels. Je größer der Hauptspiegel ist, desto besser ist die Auflösung des Teleskops. Heute sind die größten Teleskope acht bis zehn Meter groß, und die nächste Generation, die gerade in Bau ist, wird maximal 39 Meter Durchmesser haben.

Mit einem technischen Kniff lassen sich jedoch schon heute weit größere Durchmesser erzielen. Das Zauberwort heißt Interferometrie. Schaltet man zwei oder mehr Teleskope zusammen, so erhält man ein gigantisches virtuelles Teleskop mit einem Durchmesser, der dem größten Abstand zwischen den Einzelteleskopen entspricht. Die Bildauflösung lässt sich so entsprechend deutlich erhöhen. Überlagert man die Lichtwellen von zwei Teleskopen, bekommt man unter bestimmten Voraussetzungen sogenannte Interferenzmuster, helle und dunkle Streifen, die auch „Fringes" genannt werden. Aus ihnen lassen sich Informationen über das Beobachtungsobjekt herauslesen.

Ganz so einfach, wie das auf den ersten Blick scheint, ist es allerdings nicht. Denn es gibt einen Haken: Man muss die Lichtwellen der einzelnen Teleskope kohärent (also frequenz- und phasengleich) überlagern. Nur dann lassen sich die gewünschten Interferenzen erzeugen. Das bedeutet, dass man dieselbe Lichtwellenfront, die ja wegen der leicht unterschiedlichen Wege durch die Atmosphäre etwas zeitversetzt auf die verschiedenen Teleskope trifft, am Ende wieder ohne optischen Weglängenunterschied (und somit ohne Zeitversatz) vereinen muss. Erschwerend kommt hinzu, dass auch der Weg durch die unterirdischen Tunnel zum Instrument für jedes Teleskop unterschiedlich lang ist. Zudem ändern sich die jeweiligen Weglängen während einer Belichtung laufend, bedingt durch die Rotation der Erde. Um also die „Fringes" zu bekommen, muss diese Differenz permanent kompensiert werden. Das geschieht mit den sogenannten Delay Lines (Verzögerungslinien): Dabei handelt es sich um auf speziellen Wagen installierte Spiegel, die während der Beobachtung hochpräzise und sehr langsam auf 60 Meter langen Schienen im Delay-Line-Tunnel verfahren werden. So wird der Weg des Lichts einzelner Teleskope verändert, indem man es über unterschiedlich lange optische (Um-)Wege schickt. Am Ende haben alle vier Lichtstrahlen auf der zusätzlichen Strecke über die vier Delay Lines die gleiche Weglänge zurückgelegt und kommen somit zeitgleich am Instrument an. Sie werden dort überlagert und es entstehen die Welleninterferenzen, welche die astronomischen Informationen enthalten.

Das Paranal-Interferometer arbeitet im nahen infraroten Licht, bei einer Wellenlänge von einigen Mikrometern. Die Lichtweglängen von vier Teleskopen müssen deshalb mit der unglaublichen Präzision von etwa einem Tausendstelmillimeter übereinstimmen. Zwar können die Schienenfahrzeuge extrem langsam und genau positioniert werden, aber das reicht nicht: In den Regelkreisen setzt man zusätzlich Piezo-Elemente ein, um auch die feinsten Abweichungen zu korrigieren. Zudem werden noch geringste Vibrationen der UT-Spiegel, die beispielsweise durch Wind verursacht werden, über Beschleunigungssensoren gemessen und ebenfalls kompensiert.

Auch die Anforderungen an die Spezialschienen der Delay Lines sind so groß, dass sie jeden Tag automatisch vermessen und wenn nötig nachjustiert werden. Kleinste Temperaturveränderungen oder Mini-Erdbeben können zu Abweichungen führen. Daher ist es nur im Ausnahmefall erlaubt, den Tunnel zu betreten, denn auch Menschen verursachen hier Temperaturschwankungen.

Aller Anfang ist schwer. Zu Beginn wurden lediglich zwei sehr kleine Testteleskope gekoppelt, um die Technik zu verifizieren und Probleme zu verstehen und zu beseitigen. Im Oktober 2001 feierte man die Geburtsstunde des VLTI, als zum ersten Mal das Licht von zwei UTs gebündelt werden konnte. Mit zwei Teleskopen (also einer Basislinie) bekommt man allerdings kein Bild, sondern lediglich eine eindimensionale Information über das Objekt. Aber es lässt sich damit durchaus schon Wissenschaft betreiben. Zum Beispiel kann man den Durchmesser von nahen großen Sternen messen. Selbst mit den größten Teleskopen sind Sterne normalerweise nur als Punkte zu sehen. Erst das VLTI ermöglicht es, Sterne als Scheiben aufzulösen. Das klingt nicht besonders aufregend, ist aber für Astronomen ein sehr wichtiger Puzzlestein, um den Lebenszyklus von Sternen besser zu verstehen.

Um tatsächlich ein Bild mit einem Interferometer zu erhalten, sind mehrere Teleskope nötig, die zum einen in verschiedenen Abständen voneinander, zum anderen auch noch in unterschiedlichen Richtungen angeordnet sein müssen. Jeweils zwei Teleskope bilden eine sogenannte Basislinie. Je mehr Basislinien man hat, desto mehr wird die Fläche des virtuellen Riesenspiegels vollständig ausgefüllt. Aus diesem Grund sind die Hilfsteleskope verfahrbar. Sie werden tagsüber umpositioniert, um dasselbe Objekt mehrfach mit verschiedenen Kombinationen von Basislinien zu beobachten. Mit den Daten aller Aufnahmen zusammen lässt sich anschließend am Computer ein Bild rekonstruieren. Oft sind Aufnahmen aus mehreren Nächten nötig, damit ein Bild entsteht.

Die Positionen der UTs lassen sich natürlich nicht verändern. Da sie jedoch trapezähnlich angeordnet sind, erzielt man so schon sechs Basislinien verschiedener Länge und Orientierung. Nutzt man nun noch die Erdrotation aus, welche die Basislinien in Relation zum Beobachtungsobjekt verdrehen, so ergeben sich weitere Bausteine. Auf diese Weise entsprechen die vier UTs im Interferometriebetrieb einem gigantischen Teleskop von 130 Metern Durchmesser, das etwa 20-mal schärfere Bilder liefert als ein einzelnes UT.

Am 17. März 2011 wurden zum ersten Mal alle vier 8-Meter-Teleskope erfolgreich zusammengeschaltet und auf einen Stern ausgerichtet. Wieder mal ein „First Light“ – oder „First Fringe“, wie man beim VLTI sagt. Bis alle vier Teleskope aber tatsächlich routinemäßig als Interferometer arbeiten konnten, mussten noch einige unerwartete technische Probleme gelöst werden. Das kohärente Überlagern des Lichts ist so anspruchsvoll und empfindlich, dass zum Beispiel Ventilatoren oder Kühlwasserpumpen genügend Vibrationen verursachen, um die Beobachtungen zu stören. Es wurden deshalb an mehreren Stellen spezielle Sensoren angebracht, die diese Vibrationen und winzigste Abweichungen der Lichtweglänge messen und mit extrem schnellen Regelkreisen korrigieren.

Wenn man sich einmal vor Augen führt, dass zu einer VLTI-Beobachtung nicht nur alle vier UTs perfekt funktionieren müssen, sondern auch noch die gesamte Interferometer-Infrastruktur, dann grenzt es fast an ein Wunder, was die Technik auf Paranal vollbringt. Um die Systeme so zuverlässig zu machen, war ein langer, steiniger Weg und die Arbeit von hunderten von Technikern, Ingenieuren und Astronomen nötig.

Heute ist das Interferometer trotz seiner ungeheuren Komplexität routinemäßig im Einsatz und hat bereits spektakuläre Entdeckungen ermöglicht. Es wurde und wird zum Beispiel regelmäßig für die Beobachtungen des Schwarzen Lochs in unserem galaktischen Zentrum eingesetzt, die zur Verleihung des Physik-Nobelpreises im Jahr 2020 geführt haben. ■

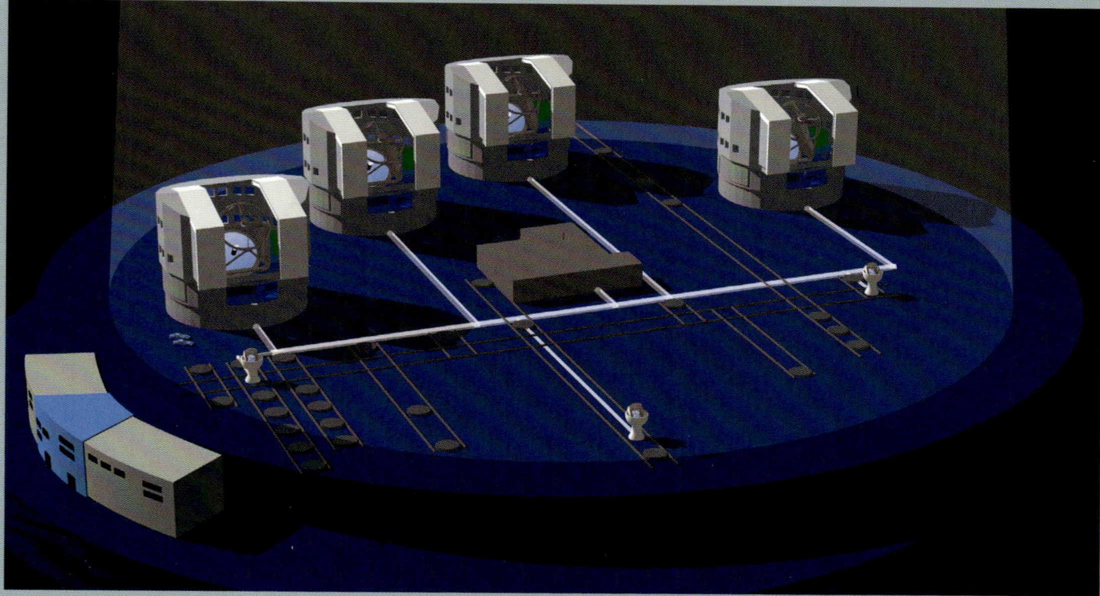

▲ Durch das Zusammenschalten der Lichtstrahlen der vier UTs oder der vier ATs entsteht ein virtuelles Teleskop, das fast die Größe der Teleskop-Plattform hat.

▼ Die Grafik verdeutlicht das Prinzip der Interferometrie anhand von zwei Teleskopen: Die Lichtwellen eines Sterns treffen leicht zeitversetzt auf die beiden Teleskope. Die Wegdifferenz wird durch die Delay Lines kompensiert. Nur so können die Interferenzen im Interferometrie-Labor erzeugt werden.

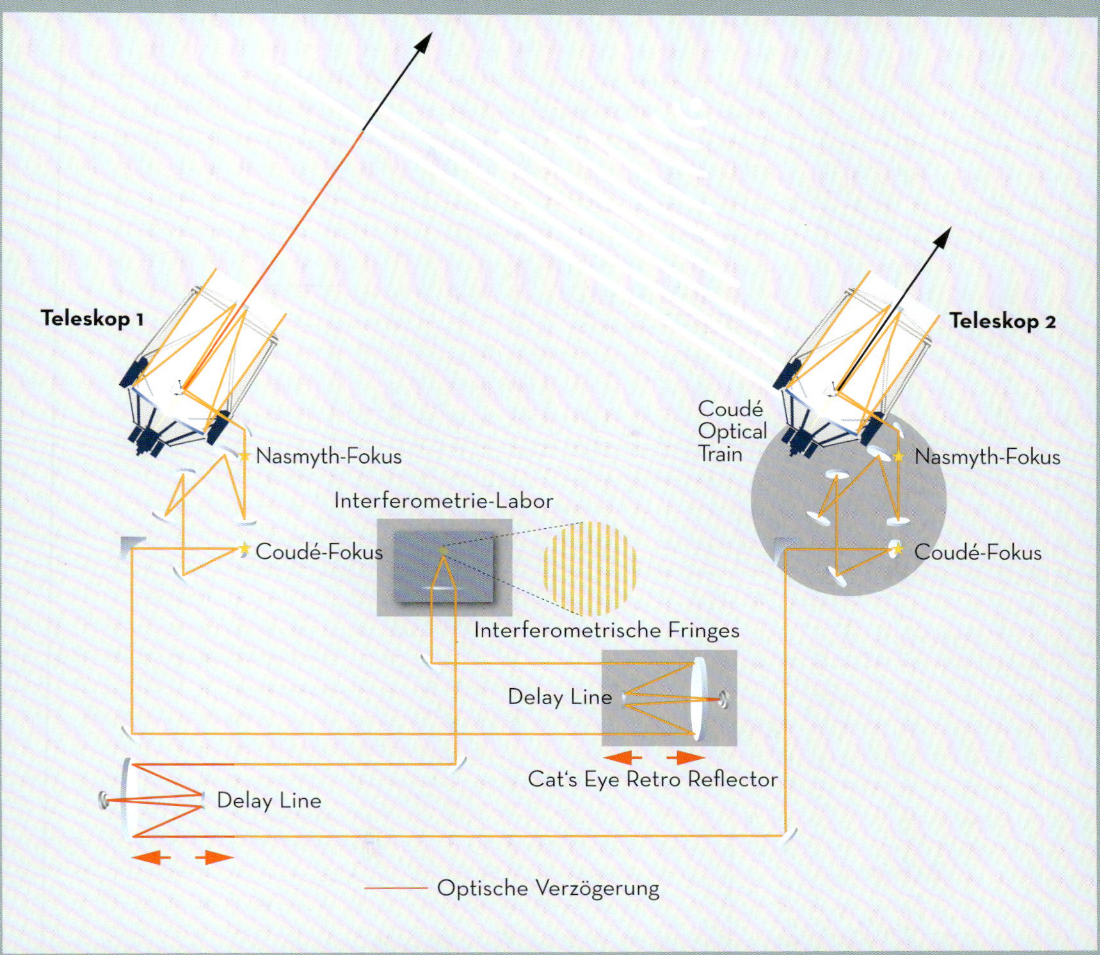

EIN HAUCH VON ALUMINIUM

Auf Paranal gibt es wesentlich mehr technisches Personal als Astronomen, denn die vielen äußerst komplexen Systeme müssen kontinuierlich gewartet, repariert und auf dem neuesten Stand der Technik gehalten werden. Die Tagesroutine im „Engineering Department" beginnt jeden Morgen damit, dass die technischen Probleme der letzten Nacht besprochen, analysiert und, wenn notwendig, Reparaturen oder Justierungen vorgenommen werden. Denn am nächsten Abend muss alles wieder perfekt funktionieren.

Neben der täglichen Wartung gibt es aber auch regelmäßig längere, geplante technische Arbeiten. Im Beobachtungskalender, der jeweils für sechs Monate im Voraus erstellt wird, erscheinen diese Perioden als „Technical Time", was bedeutet, dass ein Teleskop in diesem Zeitraum nicht für astronomische Beobachtungen zur Verfügung steht.

Eine der aufwändigsten Wartungsarbeiten ist die Erneuerung der reflektierenden Aluminiumbeschichtung der großen Spiegel, die etwa alle zwei Jahre vorgenommen wird. Die Aktion ist so spannend, dass vor einigen Jahren sogar ein Filmteam von National Geographic anreiste, um einen Dokumentarfilm darüber zu drehen.

Die Neubeschichtung wird in einer Vakuumkammer im Mirror Maintenance Building (MMB) im Basiscamp vorgenommen. Die Spiegelzelle mitsamt dem 8-Meter-Spiegel muss vom Teleskop demontiert und auf einem speziellen Luftkissentransporter und einer Hebeplattform aus der Kuppel herausgebracht werden. Die knapp 45 Tonnen schwere Last wird anschließend auf einen 48-rädrigen Spezialtransporter geladen. Im Schritttempo geht es die 3,5 Kilometer lange Strecke vom Gipfel zum Basiscamp hinunter. Während der gesamten Fahrt wird die kostbare Ladung hydraulisch nivelliert, um jegliche Schräglage zu vermeiden.

Im MMB angekommen, beginnt die langwierige Prozedur der Spiegeldemontage. Die 23 Tonnen schwere Optik wird, nachdem alle lateralen Befestigungen gelöst wurden, mit einer fest installierten Spezialmaschine sehr langsam und vom Computer nivelliert aus der Zelle gehoben und im Vakuumbehälter der Aluminisierungsanlage abgelegt. Auf Luftkissen geht es sodann in den Reinraum, wo der Spiegel in der „Spiegelwaschmaschine" zunächst von Staub gereinigt und die alte Aluminiumschicht anschließend mit Säure entfernt wird.

Wenn die Oberfläche absolut sauber ist, kann die Vakuumkammer geschlossen und die Luft über Nacht abgepumpt werden. Am nächsten Morgen, wenn das Hochvakuum erreicht ist, wird der Beschichtungsprozess gestartet. Das neue Aluminium wird in einem sogenannten Sputterprozess auf die Oberfläche aufgebracht. Nur etwa 80 Nanometer (millionstel Millimeter) dünn ist die reflektierende Schicht. Das entspricht insgesamt nur etwa der Menge einer Getränkedose (zwölf Gramm), verteilt auf über 50 Quadratmeter Fläche.

In umgekehrter Reihenfolge wird nun alles wieder zusammengebaut. Nach gut einer Woche harter Arbeit ist das Teleskop dann wieder einsatzfähig für die Astronomen, und zwar mit einem Spiegel, der wie am ersten Tag erstrahlt. ■

◀ Ein 8-Meter-Spiegel im Mirror Maintenance Building (MMB) wird zur Aluminisierung von der Spiegelzelle demontiert.

FERROVIAL

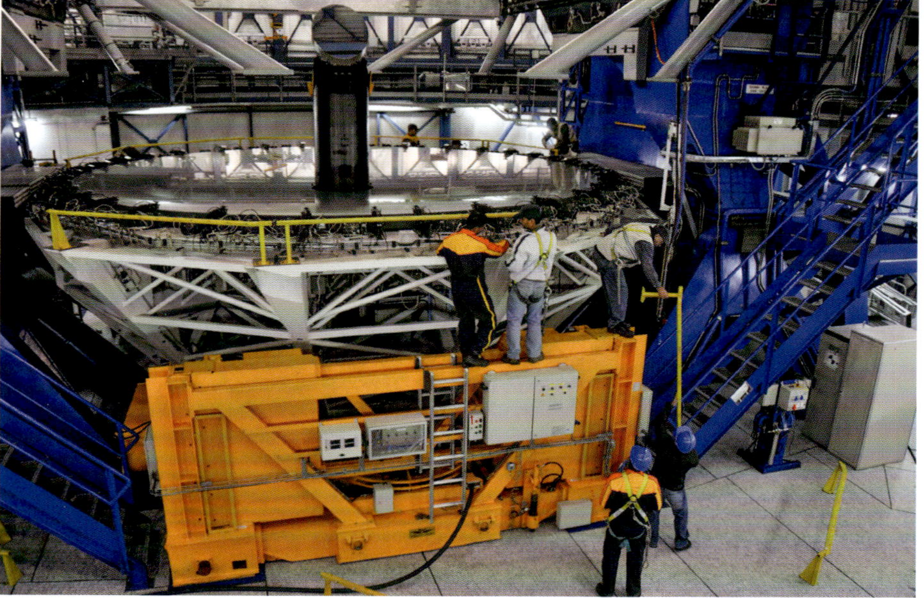

▲ Dicke Bolzen müssen gelöst werden, bevor die 43 Tonnen schwere Spiegelzelle hydraulisch vom Teleskop auf ein Spezialluftkissenfahrzeug heruntergelassen werden kann. Durch ein großes Tor wird sie aus dem Gebäude herausgefahren und auf einen Transporter geladen.

◄ ► Der Spezialanhänger mit 48 Reifen und hydraulischer Nivellierung fährt die fragile Last vom Gipfel in das 3,5 Kilometer entfernte Basiscamp zum Mirror Maintenance Building (MMB). Die Fahrt geht im Schritttempo voran und dauert etwa eine Stunde.

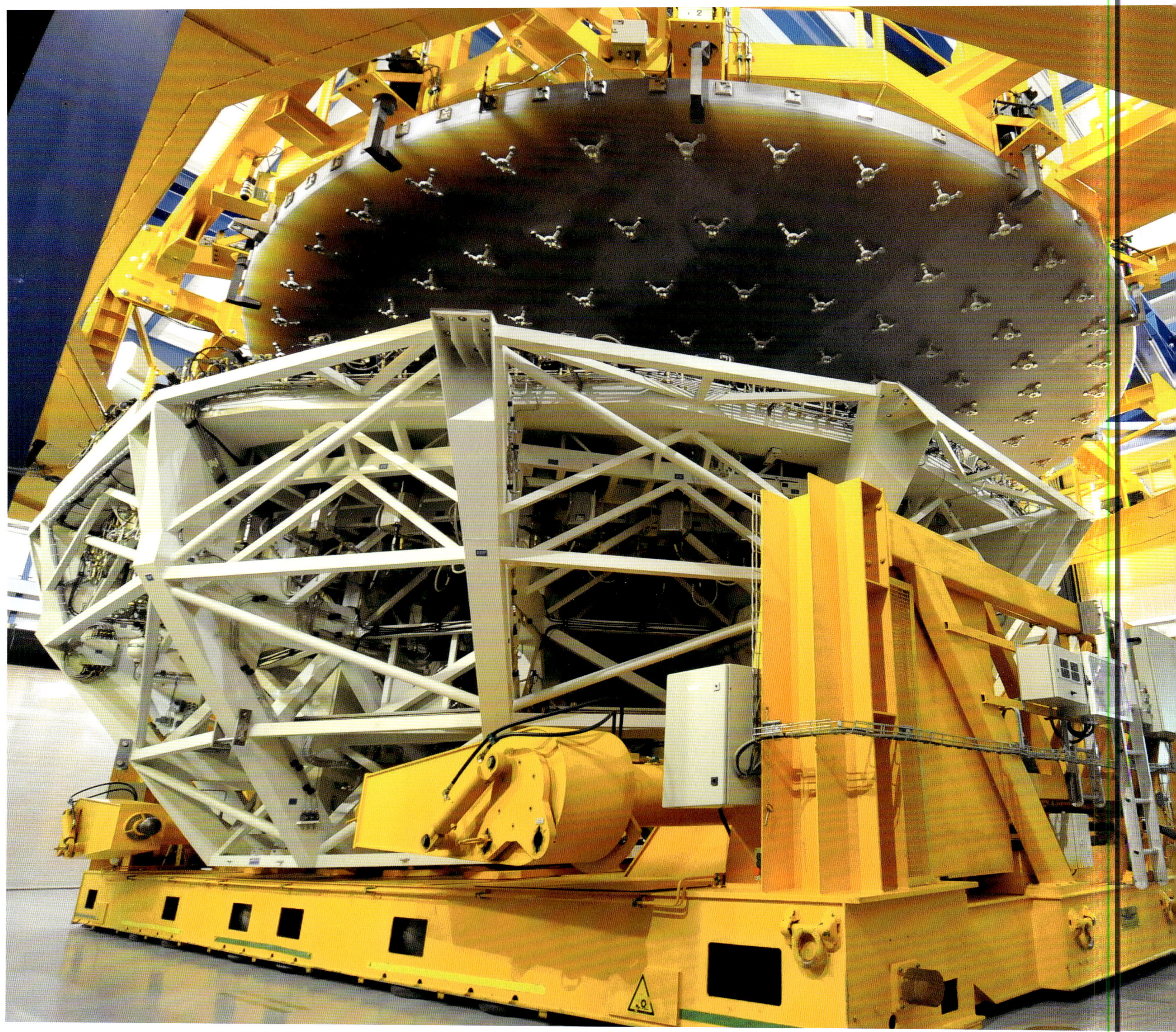

◄ Der Spiegel, eine 23 Tonnen schwere Glaskeramikscheibe, wird mit einer speziellen Maschine, dem Mirror Handling Tool (MHT), aus der Spiegelzelle gehoben.

▼ Ein Ingenieur inspiziert den Spiegel nach dem Ausbau. Gut zu erkennen sind die dreibeinigen Auflagepunkte, auf denen er in der Spiegelzelle gelagert ist.

► Während die Spiegelzelle auf dem Luftkissenfahrzeug zur Seite gefahren wird, hängt der Spiegel lediglich an 15 hydraulischen Haken. Anschließend fährt die untere Hälfte der Vakuumkammer in Position und der Spiegel kann auf der speziellen Unterlage (Whiffle Tree) abgelegt werden. Der „Whiffle Tree" sorgt durch sein Design automatisch dafür, dass das Spiegelgewicht gleichmäßig auf alle 27 Auflagepunkte verteilt wird.

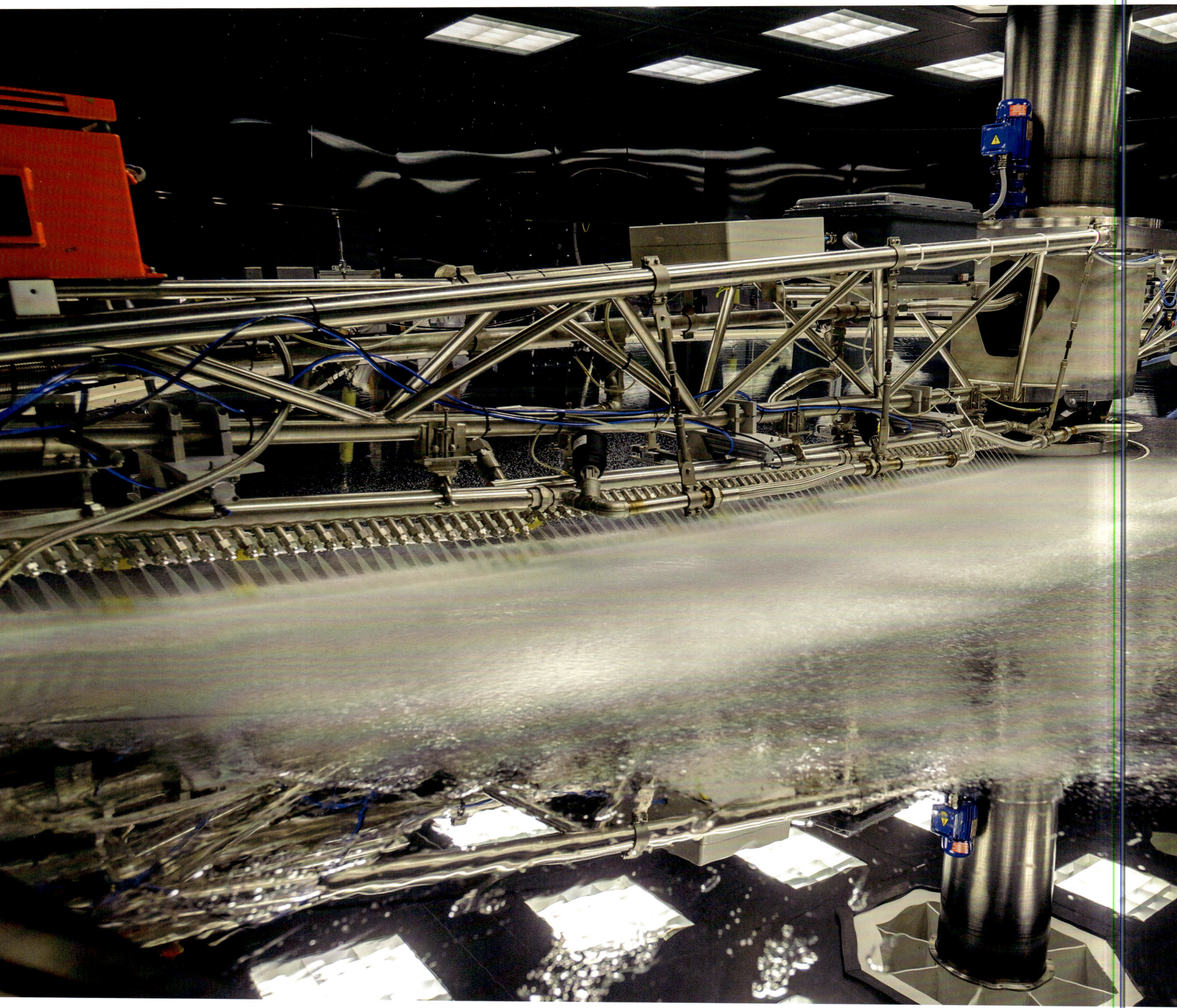

► ▲ Optiker bei der Spiegelreinigung. Nachdem die Aluminiumschicht entfernt ist, wird die bräunliche Farbe der Glaskeramik sichtbar.

◄ An einem rotierenden Arm sitzende Düsen sprühen Säure auf die Oberfläche, um die Aluminiumschicht zu lösen.

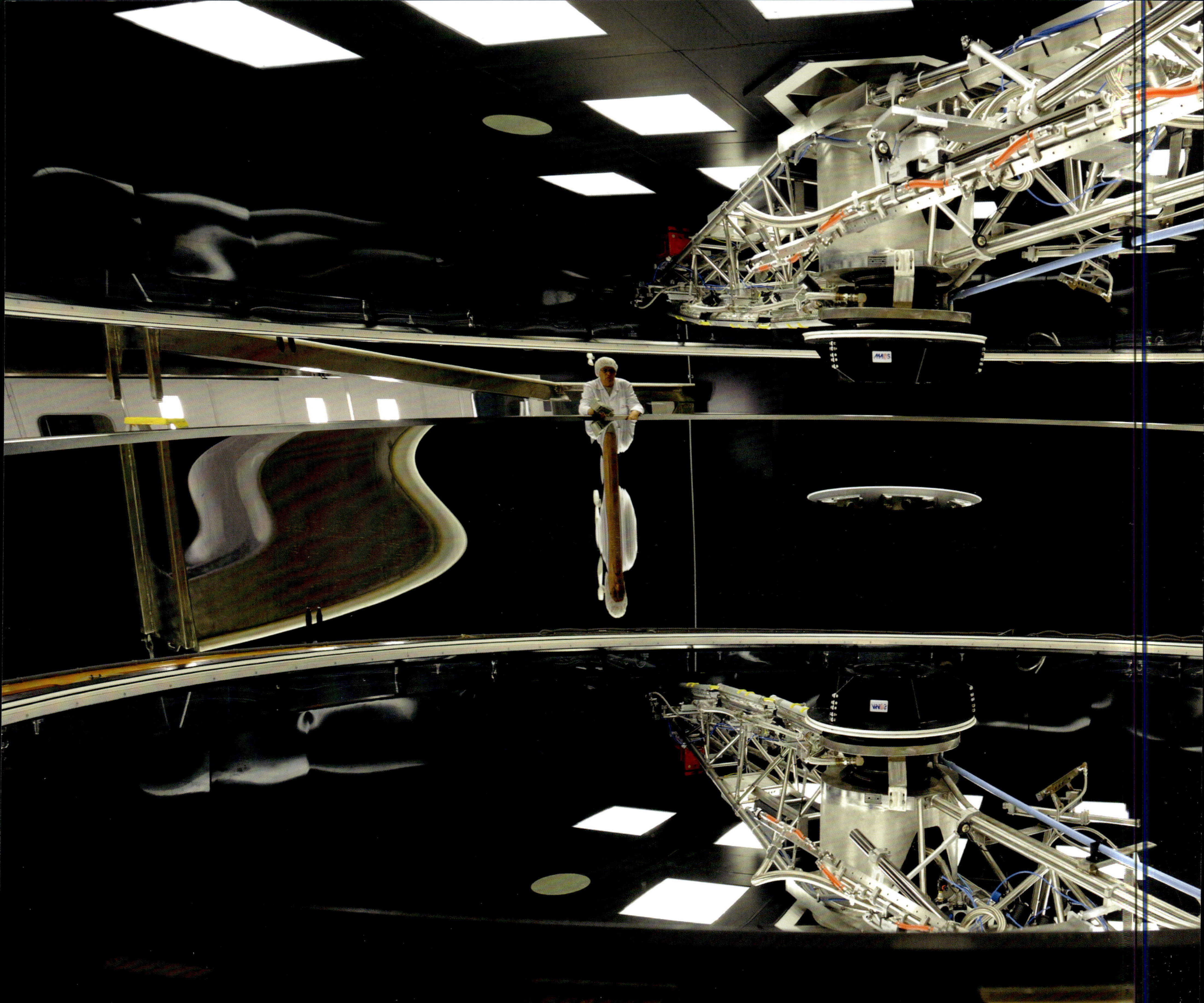

◄ ▲ Der frisch aluminisierte Spiegel wird inspiziert und die Reflektivität gemessen.

▲ Ein Blick in die Vakuumkammer während des Aluminisierungsprozesses. Das violette Licht wird von ionisiertem Argongas ausgestrahlt, welches dazu dient, Aluminiumatome zu zerstäuben, damit sich diese dann sehr dünn und gleichmäßig auf der Spiegeloberfläche ablagern können.

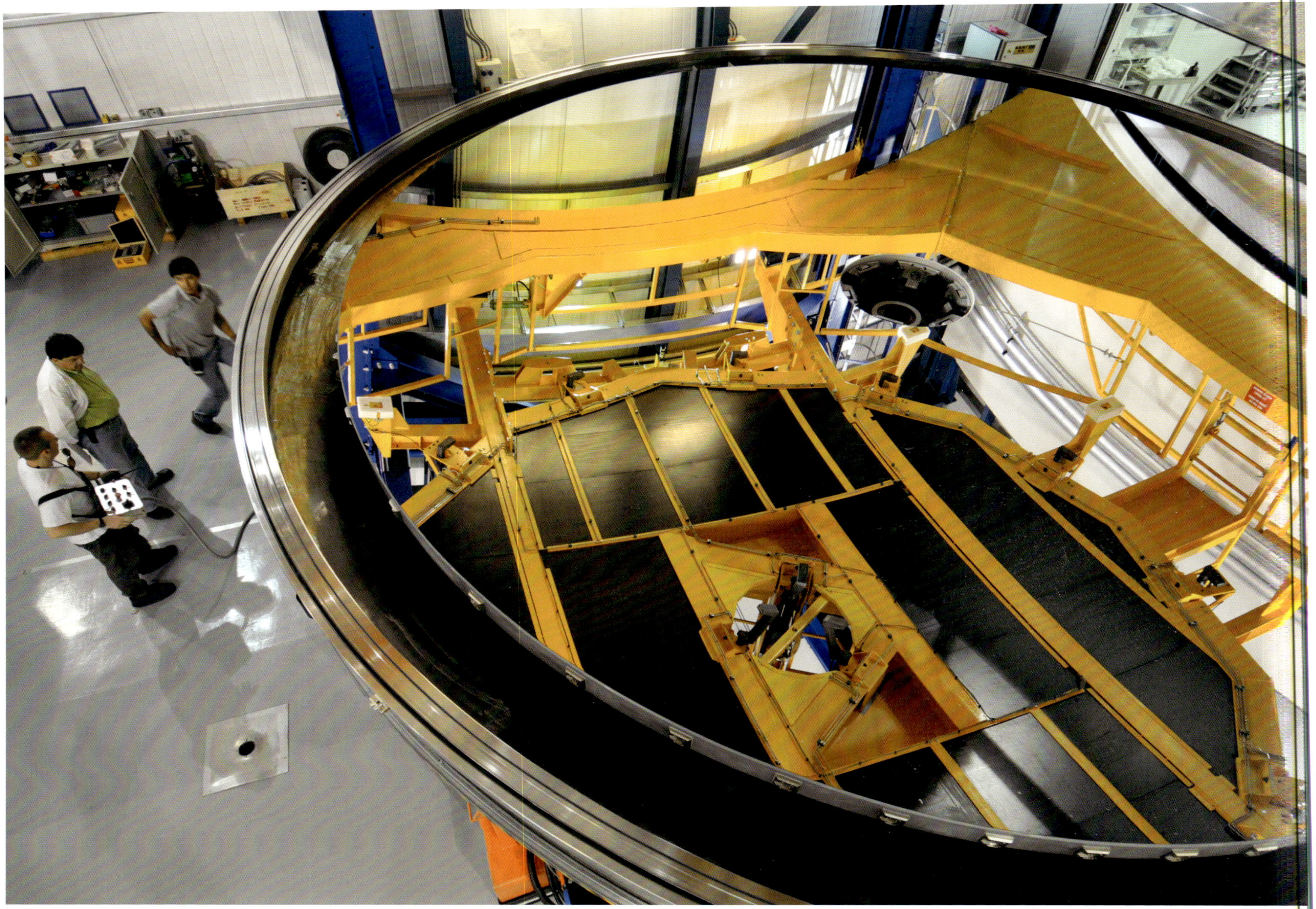

▲ Der Spiegel wird aus dem Reinraum herausgefahren und für den Einbau in die Spiegelzelle vorbereitet.

◀ Auch der M3-Spiegel erhält eine neue Aluminiumschicht.

▲ Geschafft: Am Ende der gut einwöchigen Mammutaufgabe ist es Tradition, ein Gruppenfoto von allen Beteiligten zu machen. In diesem Fall ist auch das Filmteam von National Geographic mit dabei, das für die Produktion eines Dokumentarfilms über die Neuverspiegelung vor Ort war.

Die gesamte Spiegelwartung hat der Autor in einem Zeitraffer-Video zusammengefasst: https://www.youtube.com/watch?v=h4FBKbNY258

◄ Wartungsarbeiten an den großen Toren der Kuppel in luftiger Höhe

► Rechts: Innenansicht der Vakuumkammer der 8-Meter-Aluminisierungsanlage

▼ Ein Softwareingenieur an der Teleskopkonsole während technischer Tests

► Im Reinraum des Elektroniklabors wird der CCD-Detektor eines Instruments getestet.

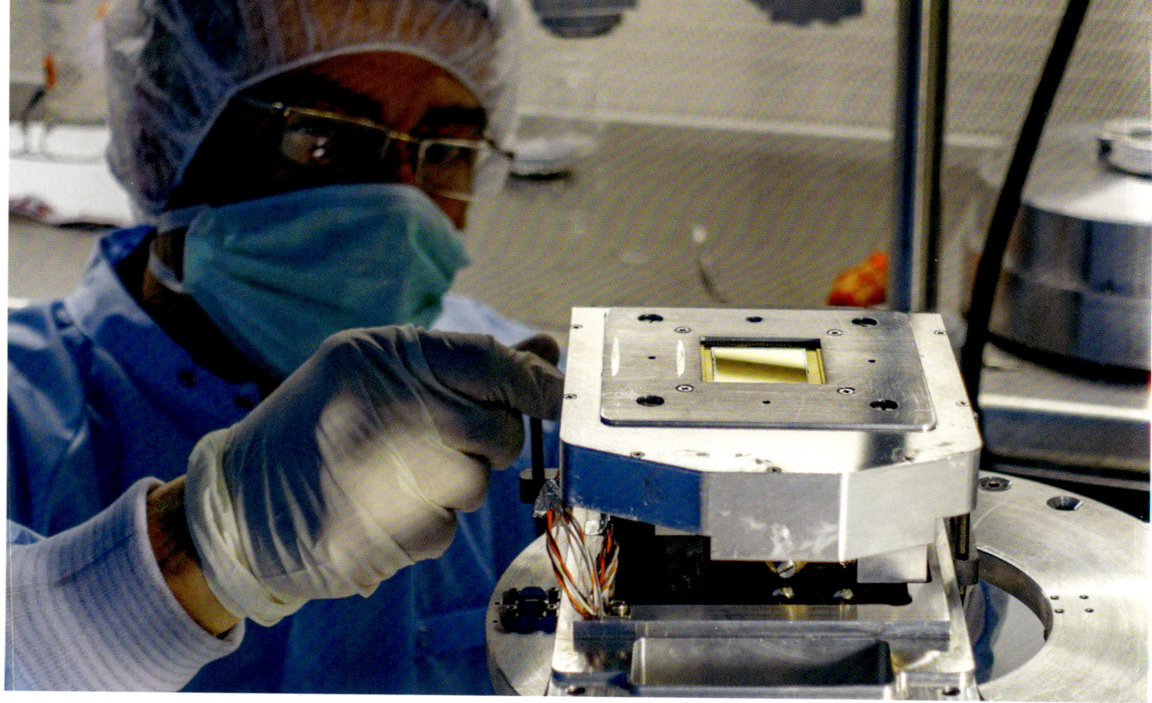

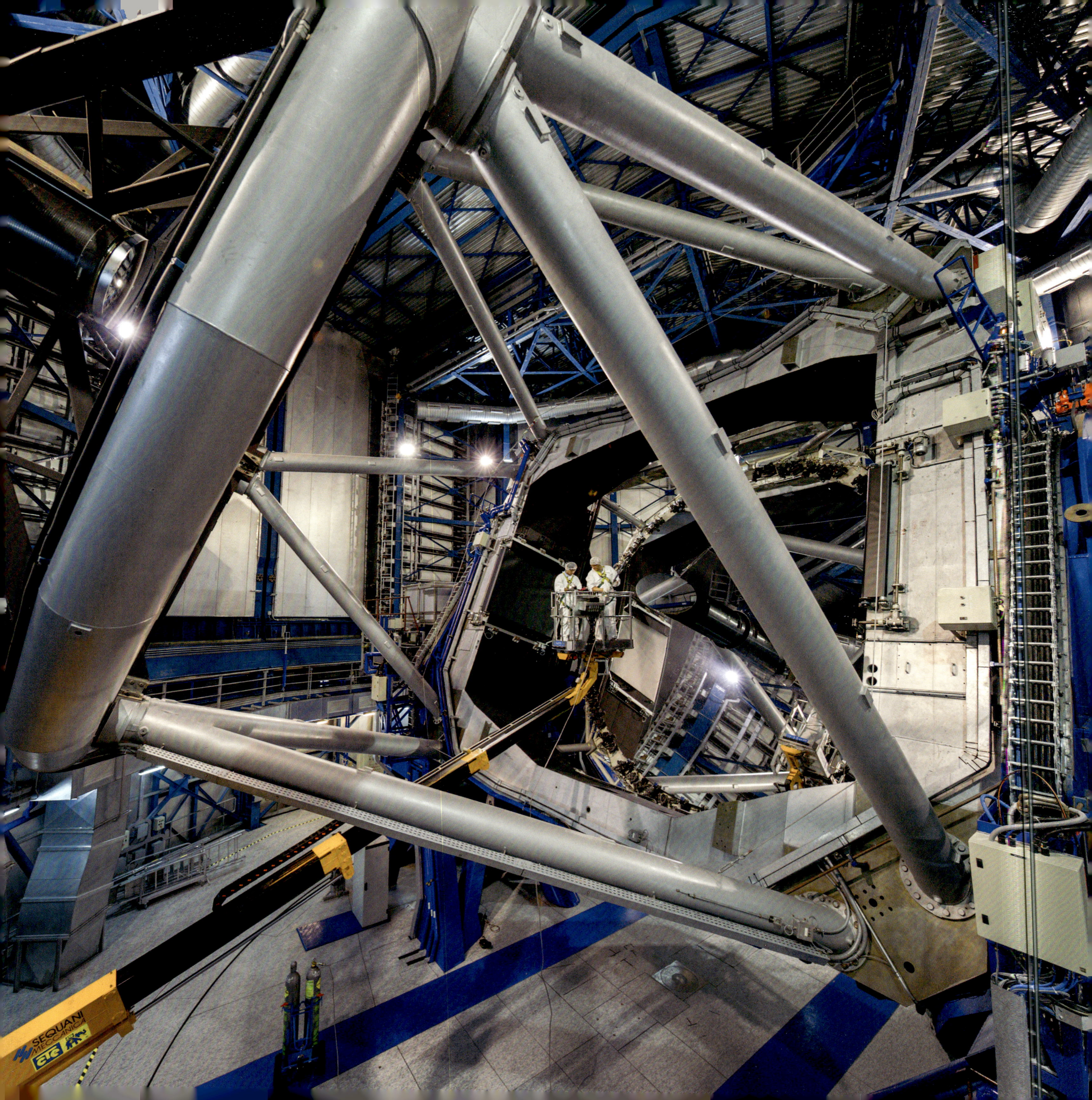
SEQUANI
MECCANICA

▲ Der M2-Spiegel aus Beryllium aus der Nähe gesehen

◄ Zwei Optiker bei der Spiegelinspektion verdeutlichen die Dimensionen des Teleskops.

▲ Wartungsarbeiten am VISTA-Teleskop

► Ein verwirrendes Bild: Das VISTA-Teleskop steht horizontal und der Fotograf konnte so durch die zentrale Öffnung des M1-Spiegels in Richtung M2 fotografieren. Sowohl er selbst als auch die anderen beiden Personen spiegeln sich dabei im M2. Alles klar?

VERRÜCKTES WETTER

Die Atacamawüste ist für ihren zuverlässig blauen Himmel und das sehr trockene Klima bekannt. Wenn jemand behauptet, dass morgen über Paranal die Sonne scheint, so liegt die Wahrscheinlichkeit, dass er damit recht hat, bei über 90%. Doch es kann auch anders kommen.

Es gibt zwei typische Ausnahmesituationen: Die eine schlägt jedes Jahr zwischen Januar und März zu und wird gemeinhin „Invierno Altiplanico" genannt, der Winter des Andenhochlandes. Wolken aus den feucht-heißen Regionen östlich der Anden bilden im südlichen Hochsommer auftürmende Gewitterwolken, die über die Berge nach Chile eindringen und Regen und Gewitter über dem Altiplano und sogar über der Wüste mit sich bringen können. Im Januar und Februar ist es also nicht unüblich, dass östlich des Paranal dicke Wolken den Horizont verdunkeln. Gelegentlich schaffen sie es auch bis zum Paranal. Dann bleiben die Teleskope geschlossen, es ist Regenwarnung angesagt.

Die zweite Ausnahme: Etwa alle vier bis acht Jahre hat ein Klimaphänomen namens „El Niño" Auswirkungen auf die Atacamawüste. Für die Sternwarte kann das bewölkte Nächte bedeuten und es kann sogar regnen oder schneien. Schneefälle sind hier jedoch sehr selten, aber wenn sie auftreten, verleihen sie der Wüste ein ganz besonderes, magisches Aussehen. Die Astronomen sind über solche Bedingungen natürlich nicht sehr glücklich, da die Teleskopkuppeln bei hoher Luftfeuchtigkeit oder Minusgraden und erst recht bei Regen- oder Schneefall natürlich geschlossen bleiben. Ein Spaziergang durch die schneebedeckte Wüste kann ihre Enttäuschung aber manchmal etwas mildern. Allerdings hält die Pracht nicht lange an und schmilzt normalerweise schon am selben Tag wieder dahin.

In der Wüste bedeutet eine Nacht mit kräftigem Regen oft, dass sich in den abflusslosen Senken kleine Lagunen bilden. Sie sind jedoch nur von kurzer Lebensdauer: Nach etwa zwei Wochen ist die Wüste wieder verdorrt, und es bleiben anstelle der Lagunen nur kleine helle Staubpfannen zurück, die sogenannten Playas.

Geht man aber ein paar Wochen später durch die Wüste und schaut aufmerksam auf den steinigen Boden, so kann man insbesondere in der Nähe alter, vertrockneter Büschel plötzlich winzige Keimlinge entdecken. Die Samen der Pflanzen haben Jahre der Trockenheit im Boden überdauert und nutzen nun die seltene Gelegenheit, um zu keimen und zu sprießen. ■

◄ Blitz und Donner direkt über dem Gipfel des Paranal, ein Schauspiel mit Seltenheitswert. Links unten leuchtet der Stern Prokyon im Sternbild Kleiner Hund.

▲ Eine Kaltfront hat den Norden Chiles erreicht. Wolken steigen bis zum Gipfel des Paranal auf und hüllen die Teleskope in eisigen Frost. In der kommenden Nacht werden keine Beobachtungen stattfinden.

◄ Nur sehr selten wird der Paranal von einer Schneedecke verhüllt. Wenige Stunden später ist die Pracht aber meist schon wieder vergangen.

► Ein ungewöhnlicher Tag, um auf dem „Star Track“ genannten Wanderpfad vom Basiscamp zum Gipfel zu marschieren.

In einem El-Niño-Jahr kann es in der Atacama auch einmal zu starken Regenfällen kommen, wie hier im Juli 2011. Bei den hellen Stellen handelt es sich um kleine Lagunen, die sich innerhalb weniger Stunden in den abflusslosen Senken gebildet haben.

▲ Nach dem Regen

► Ein bis zwei Wochen später bleiben von den Lagunen nur noch Verdunstungsringe (rechts) und Staubpfannen (links) übrig.

▲ Das sieht man nicht alle Tage: Nach dem Regenguss spiegelt sich Paranal in einer der kleinen Lagunen.

◀ Man muss schon genau hinschauen: Ein paar Wochen nach dem Regen beginnen rund um die vertrockneten Stümpfe winzige Keimlinge zu sprießen.

▲ Ein bis zwei Monate später kommen die an die extremen Bedingungen um den Paranal angepassten Pflanzen (*Cistanthe salsoloides*) zur Blüte. Der Lebenszyklus schließt sich, wenn die Samen auf den Boden fallen. Sie müssen vielleicht Jahre auf den nächsten Regen warten.

▲ Dieser Regenschauer erreicht den Paranal nicht. Die Tropfen gelangen vermutlich noch nicht einmal bis zum Wüstenboden, sondern verdunsten schon vorher in der trockenen Luft. Aber immerhin sorgt der Schauer für einen fotogenen Regenbogen über der Marslandschaft.

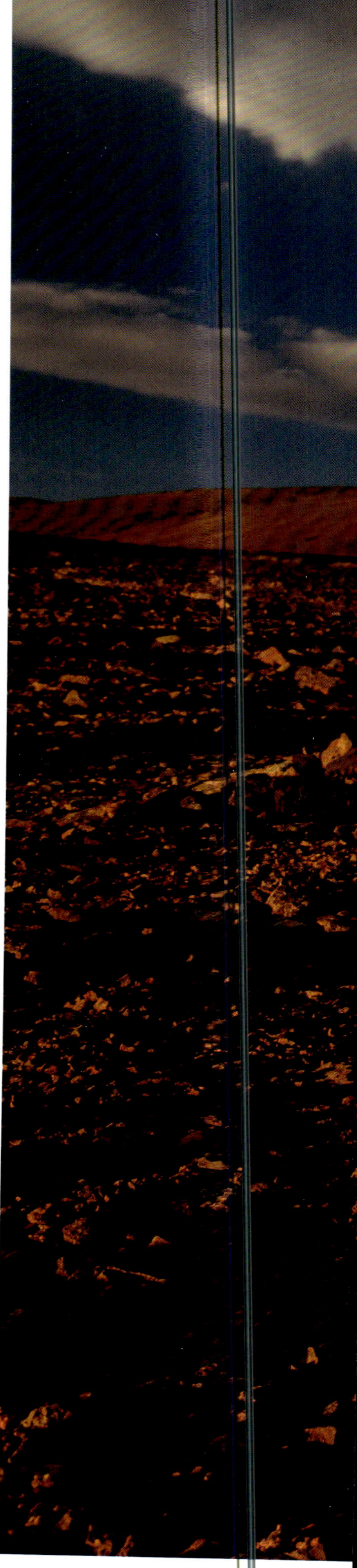

► Am Ende erinnert nur noch trockenes Gestrüpp an die kurze Blüte. Es kann Jahre dauern, bis sich das Spektakel wiederholt.

DIE RESIDENCIA

Nach der Ankunft geht es erst einmal eine lange, schräge Rampe aus rötlichem Beton hinab. Sie führt zum Haupteingang der Residencia. Öffnet man die schleusenartige doppelte Tür und tritt ein, so ist man zunächst einmal sprachlos. Den Augen des überraschten Besuchers bietet sich ein Wald aus Palmen und Farnen, fast ein grüner Dschungel unter einer 35 Meter großen, hellen Lichtkuppel – der totale Kontrast zur pflanzenlosen Wüste, aus der man gerade gekommen ist. Auch die Luft ist hier fühlbar angenehmer. Es riecht anfangs ein bisschen wie im Tropenhaus, denn durch die Vegetation und den in der Mitte liegenden Swimmingpool herrscht eine für den Menschen wohltuende Luftfeuchtigkeit – ebenfalls ein harscher Kontrast zur extrem trockenen Wüstenluft. Willkommen in der Paranal-Residencia!

Eine preisgekrönte Architektur: Die Residencia ist seit 2002 das Zuhause der Astronomen und Ingenieure während ihrer oft langen Arbeitsschichten am Observatorium. Nachdem die Mitarbeiter in der Bauphase und auch noch mehrere Jahre danach in einem Container-Camp untergebracht waren, brachte die Fertigstellung dieser neuen Unterkunft eine erfreuliche und sehr willkommene Verbesserung der Lebensbedingungen in dieser für manche etwas trostlosen Umgebung.

Das Architekturbüro Auer Weber hat die Residencia mit ihrem Design perfekt in die Landschaft eingepasst, sowohl in Form als auch in Farbe. Mit seinen Gartenbereichen erscheint das Gebäude wie eine Oase für Mitarbeiter und Besucher, die bei ihrer Arbeit extremen Bedingungen ausgesetzt sind.

Das Personal verbringt hier während der üblichen achttägigen Arbeitsschichten einen nicht unerheblichen Anteil seiner Zeit. Neben der Kantine gibt es auch Freizeiteinrichtungen: Ob man eine Runde im Schwimmbecken dreht, Tischtennis, Tischfußball oder Billard spielt, sich im kleinen Kinoraum einen Film anschaut oder im Musikraum mit Kollegen ein Rockkonzert veranstaltet, es gibt für jeden etwas zu erleben.

Ein Blick in die Residencia ist auch Bestandteil des wöchentlichen touristischen Besucherprogramms auf Paranal. Vielen ist das Gebäude ein Begriff, seit es der James-Bond-Filmproduktion als einer der Drehorte von „Ein Quantum Trost“ diente. Im März 2008 war die Filmcrew mit 300 Leuten über mehrere Tage vor Ort. Die Sporthalle wurde kurzerhand zur Kantine umfunktioniert und das ESO-Nachtteam musste aus der Residencia ausquartiert werden, da die nötige Ruhe tagsüber durch die Dreharbeiten nicht gewährleistet werden konnte. Die

◀ Die symmetrischen Muster der Fenster geben der Fassade der Residencia ihren charakteristischen Ausdruck.

Filmproduktion hatte für sie vorab ein kleines Container-Camp errichtet, das bis heute den Namen „Bond-Camp" trägt.

Auf der Landepiste, die vier Kilometer unterhalb des Basiscamps liegt, war kurzfristig ein alter, verrosteter Flugzeughangar als Kulisse aufgebaut worden, und aus den USA wurde eine historische DC-3-Maschine für die Filmszenen eingeflogen. Von den Dreharbeiten sind bis heute einige große künstliche Felsblöcke aus Glasfasern zurückgeblieben, die von Besuchern immer mal wieder für ein Spaßfoto hochgehoben werden.

Auch Journalisten, Dokumentarfilmer und begeisterte Astronomie- und Teleskop-Enthusiasten sind regelmäßige Besucher am Paranal. Darüber hinaus wurden Künstler, Musiker, Politiker, Könige, Prinzen und Prinzessinnen, Astronauten und andere prominente Persönlichkeiten empfangen.

Unvergessen ist der Besuch des Rockstars und Astrophysikers Brian May, der während seiner Queen-Konzerttour durch Südamerika auf Paranal vorbeischaute und sich ausgiebig mit den Astronomen austauschte. Auch der Cellist Yo-Yo Ma war hier. Sein größter Wunsch war es, in der Wüste neben der Residencia unter der Milchstraße ein Konzert für die Belegschaft zu veranstalten. Ein Erlebnis, das bei den Anwesenden einen bleibenden Eindruck hinterließ.

Auch ein Filmteam von National Geographic verbrachte eine gute Woche auf Paranal, um einen Dokumentarfilm über die Aluminisierung der 8-Meter-Spiegel zu produzieren.

Man könnte die Liste prominenter Besucher noch endlos verlängern. Für die Belegschaft bieten sie jedenfalls immer eine interessante Abwechslung und gelegentlich die Möglichkeit für ein Selfie mit einer Berühmtheit. ■

◄ Die Eingangsrampe zur Residencia

► Ein transparentes Kuppeldach überspannt die Gartenanlage der Residencia. Der Durchmesser dieser Kuppel beträgt 35 Meter. Der Hauptspiegel des neuen Riesenteleskops ELT hat eine Größe von 39 Metern – so bekommt man eine Vorstellung von den Dimensionen.

◀ Das Grün unter der Kuppel der Residencia bildet einen starken Kontrast zur Wüste. Die Pflanzen schaffen ein angenehmes Klima, das dem Personal eine Oase der Erholung von der harschen Umgebung bietet.

► Panorama der Fassade im letzten Abendlicht, darüber der Vollmond. Nachts müssen alle Jalousien der Zimmer geschlossen sein, denn es darf kein Licht nach außen dringen.

▼ Das Paranal-Basiscamp: Die Residencia fügt sich räumlich und farblich in die Wüstenlandschaft ein. Die weißen Gebäude von links nach rechts: mechanische Werkstatt, Spiegel-Wartungsgebäude (MMB) und Sporthalle.

▼ Entspannung nach der Arbeit

▼ Der Eingang zur Residencia mit Fotogalerie

▲ Die Fassade der Residencia kurz vor Sonnenuntergang

► Nachts beim Verlassen der Residencia rahmt der Ausgang die Milchstraße mit dem Laser ein.

▲ Es gibt nur wenige Orte auf der Erde, die der Marsoberfläche so sehr ähneln wie die Gegend um Paranal. Die europäische Weltraumorganisation ESA und die NASA testen hier regelmäßig ihre Marsrover.

▲▼ Paranal-Mitarbeiter haben nicht jeden Tag die Gelegenheit, ein Marsfahrzeug aus nächster Nähe zu inspizieren oder es gar selbst fernzusteuern.

◀ Links: Der Astrophysiker und Rockstar Dr. Brian May besuchte das Observatorium 2015 während seiner Konzert-tournee durch Südamerika.

▲ Der weltbekannte Cellist Yo-Yo Ma vor der Residencia. Er ließ es sich nicht nehmen, unter dem Schein der Milchstraße ein Konzert für die Mitarbeiter zu geben.

◀ Eine historische DC-3-Maschine wurde eigens für die Filmaufnahmen zum Paranal gebracht.

Für die Paranal-Mitarbeiter waren die Filmarbeiten des James-Bond-Films „A Quantum of Solace“ eine aufregende Abwechslung.

▲ Autogramm von Daniel Craig

◀ Die großen künstlichen Felsen aus Glasfasern blieben nach Ende der Dreharbeiten am Paranal zurück.

▲ Dreharbeiten am Hang. Von Daniel Craig ist gerade der Kopf zwischen den zwei künstlichen Felsen zu erkennen.

AUS DER LUFT

Das Observatorium auf einem einsamen Berggipfel zwischen dem Pazifischen Ozean und den Anden, mitten in einer extrem trockenen Wüstenlandschaft – das ist schon vom Boden aus ein berauschender Anblick. Erst der Blick aus der Luft macht jedoch deutlich, in welch karger und verlassener Umgebung sich die Teleskope befinden. Ein Buch über das Very Large Telescope wäre nicht vollständig, würde es nicht die futuristisch anmutenden, glänzenden Kuppeln von oben in der unendlichen Weite der Atacama zeigen.

Die völlig vegetationslose Landschaft erscheint aus der Vogelperspektive dem Mars zum Verwechseln ähnlich. Weit und breit ist nichts anderes auszumachen als trockenste Wüste. Die runden Hügel machen deutlich, dass hier praktisch kein Regen fällt, und die Luft ist so transparent, dass eine Fernsicht von 200 Kilometern alltäglich ist.

In diesem Kapitel wird eine Auswahl von Fotos präsentiert, die der Autor im Laufe der Jahre vom selbst gesteuerten einmotorigen Sportflugzeug, aus dem Fenster von Linienflügen und in den letzten Jahren zunehmend auch mit Fotodrohnen aufgenommen hat. Letztere erlauben Perspektiven, die vom Flugzeug aus nicht möglich sind, zum Beispiel bei einem Flug mitten durch die vier Laser des UT4.

Hoffentlich sind Sie schwindelfrei. ■

◄ Abendstimmung auf der Plattform

▲ Silberne Teleskopkuppeln inmitten einer hyperariden Wüstenlandschaft. Im Hintergrund das VISTA-Teleskop.

► Auf dem Flug von Antofagasta nach Santiago hat man eine grandiose Aussicht über die Wüste. Vorn der Paranal mit Basiscamp. Von dort führt die neue Straße zum Cerro Armazones, der im Hintergrund in der Mitte zu erkennen ist.

Paranal am Nachmittag. Der „Star Track"-Wanderweg schlängelt sich unterhalb der Straße zum Gipfel. Im Hintergrund unter der Wolkendecke der Pazifik.

► Sonnenuntergang, ausnahmsweise einmal mit einigen Wolken

▲ Kurz nach Sonnenuntergang sind die Laser im Testbetrieb. Der Autor nutzte diese einmalige Gelegenheit für ein Drohnenfoto.

◀ Der Paranal und die nur 15 Kilometer entfernte Küste mit den typischen niedrigen Wolken, die die Berge umhüllen.

◄ So sieht man den Paranal durch das Fenster eines Lin enflugzeugs von Antofagasta nach Santiago. Links oben am Bildrand das VISTA-Teleskop, rechts das Easiscamp.

► Rechts: Dieses Foto ist inzwischen ein Klassiker. Es wurde 2001 aufgenommen, noch auf Diafilm, aus einem einmotorigen Flugzeug. Wenige Tage zuvor hatte es geschneit und den Llullaillaco (6739 Meter) mit einer dicken Schneehaube bedeckt. Der Vulkan ist unglaubliche 190 Kilometer vom Paranal entfernt und markiert die Grenze zu Argentin en.

▲ Die Teleskop-Plattform im flachen Licht der Morgensonne

◀ Die charakteristische rotbraune Farbe des Wüstengesteins um Paranal kommt in diesem Foto zur vollen Geltung.

▲ Vertikale Sicht auf die Teleskop-Plattform

► Das Basiscamp von oben. Links die Residencia mit ihrer runden Kuppel. Rechts in der Mitte das in Bau befindliche Gebäude für die zukünftige ELT-Spiegelwartung.

NEUE TECHNIK AM LAUFENDEN BAND

Es sind inzwischen 25 Jahre vergangen, seit das erste der vier Teleskope auf Paranal zum ersten Mal auf den Nachthimmel gerichtet wurde. Man könnte meinen, dass die Teleskope nun schon etwas in die Jahre gekommen wären und nicht mehr dem neuesten Stand der Technik entsprächen. Weit gefehlt!

Im Gegensatz zu Weltraumteleskopen haben bodengebundene Installationen den enormen Vorteil, dass man sie zu jeder Zeit mit der neuesten Technik aufrüsten kann. Man denke nur daran, um wie viel besser digitale Kameras ständig werden. Alle paar Jahre möchte man als Fotograf eine neue kaufen, denn sie haben mehr Pixel, bessere Optik und werden immer lichtempfindlicher.

In der Astronomie ist das nicht anders. Im Durchschnitt gibt es alle zehn Jahre eine neue Generation von Instrumenten. Durch Einsatz modernster Technologien kann so aus den Teleskopen immer mehr herausgeholt werden, sie liefern immer detailreichere Bilder und Daten des Universums.

Aber nicht nur die Bildschärfe wird verbessert, sondern auch die Effizienz, mit der die verfügbare Beobachtungszeit genutzt wird. Früher konnte ein Instrument in einer langen Belichtung das Spektrum von nur jeweils einem einzigen Stern aufnehmen. 2002 wurde am VLT der Glasfaser-Positionierroboter OzPoz installiert. Er platziert 130 Glasfasern magnetisch auf eine Platte im Bildfeld des Teleskops, jeweils eine Faser pro Stern. So können 130 Sternspektren gleichzeitig aufgenommen werden. Damit ist das Ende aber noch lange nicht erreicht: Wenn das neueste Instrument MOONS (Multi-Object Optical and Near-infrared Spectrograph) 2023 auf Paranal eintrifft, dann wird es, ebenfalls mit Glasfasern, 1000 Spektren gleichzeitig aufnehmen können. Andere Instrumente wie zum Beispiel MUSE (Multi-Unit Spectroscopic Explorer) zerlegen das gesamte Bildfeld mit sogenannten IFUs (Integral Field Units) in viele einzelne Bildpunkte, von denen dann jeweils Spektren aufgenommen werden.

◀ Ein ungewöhnlicher Blickwinkel im letzten Abendlicht: Während eines Tests der Laser gelang dieses spektakuläre Foto mit einer Drohne.

Auch die Teleskope selbst sind nicht mehr die alten. Das UT4 wurde vor einigen Jahren in ein sogenanntes adaptives Teleskop verwandelt, indem man es mit vier Lasern ausrüstete und gleich dazu noch den bis dahin starren Sekundärspiegel durch einen sehr dünnen, flexiblen adaptiven Spiegel mit 1170 Verstellelementen (Aktuatoren) ersetzte.

In den nächsten Jahren sollen auch die anderen 3 UTs einen Laser und modernste adaptive Optik bekommen. Beobachtungen mit dem Interferometer und dem neuen Instrument GRAVITY+ setzen dann neue Maßstäbe und erlauben Beobachtungen von Spektren von Exoplaneten, von Schwarzen Löcher in anderen Galaxien und vielem mehr.

Neben dem VLT kamen über die Jahre zusätzliche Teleskope zum Paranal, welche die Möglichkeiten für die Astronomen erweiterten: die beiden Durchmusterungsteleskope (Survey Telescopes) VST und VISTA. Es handelt sich um Teleskope, die ein relativ großes Bildfeld am Himmel abdecken, das etwa dem zweifachen Vollmonddurchmesser entspricht. Die Instrumente sind mit Detektor-Arrays ausgestattet und können systematisch und sehr detailreich ein Bildmosaik großer Himmelsregionen erstellen. VISTA tut das im nahen Infrarotlicht und ist mit seinem 4,1-Meter-Spiegel das größte Infrarot-Survey-Teleskop der Welt.

Vieles, was heute mit dem VLT möglich ist, hat man bei dessen Bau noch nicht einmal geahnt. Und so bleibt Paranal auch weiterhin das leistungsfähigste Observatorium seiner Art.
Und das wird immer besser! ■

◀ Die Laser aus der Ferne. Schaut man genau hin, dann sieht man die Strahlen zunächst in der Höhe verblassen, da oberhalb von etwa 20 Kilometer nicht mehr genug Moleküle vorhanden sind, an denen sich das Licht streut. Am Ende werden die vier Lichtpunkte in der Natriumgasschicht wieder sichtbar.

▶ Rechts: Die 22 Watt starken Laser am UT4 in Betrieb

▲ Der nur zwei Millimeter dünne adaptive Sekundärspiegel wird auf Paranal integriert, ein spannender Moment. Im oberen Bild die Magnetspulen der 1170 Aktuatoren.

◀ Langsam wird der Spiegel von unten der Referenzfläche angenähert. Man sieht gut die auf der Spiegelrückseite aufgeklebten Magnete. Die Aktuatoren funktionieren nach dem gleichen Prinzip wie Lautsprecher. Dieser adaptive Spiegel ist bislang der größte, der jemals hergestellt wurde.

▲ Das sieben Tonnen schwere Instrument MUSE wird mit dem Kran auf die Nasmyth-Plattform des UT4 geliftet. In solchen Momenten ist von allen Beteiligten höchste Konzentration gefordert. Nichts darf hier schiefgehen.

◀ Links: Wenn ein Instrument ausgetauscht wird, kommt es vor, dass eine Nasmyth-Instrumentenplattform zeitweise leer steht. Paranal-Ingenieure haben die Gelegenheit genutzt und eine Mattscheibe im Fokus montiert. So lässt sich der Mond einmal direkt mit dem VLT ansehen. Ein seltenes Ereignis.

▼ Die Nasmyth-Plattform wird für ein neues Instrument vorbereitet. Hier ist auch ausnahmsweise der schwarze Adapter-Rotator zu sehen, der normalerweise vom Instrument verdeckt ist.

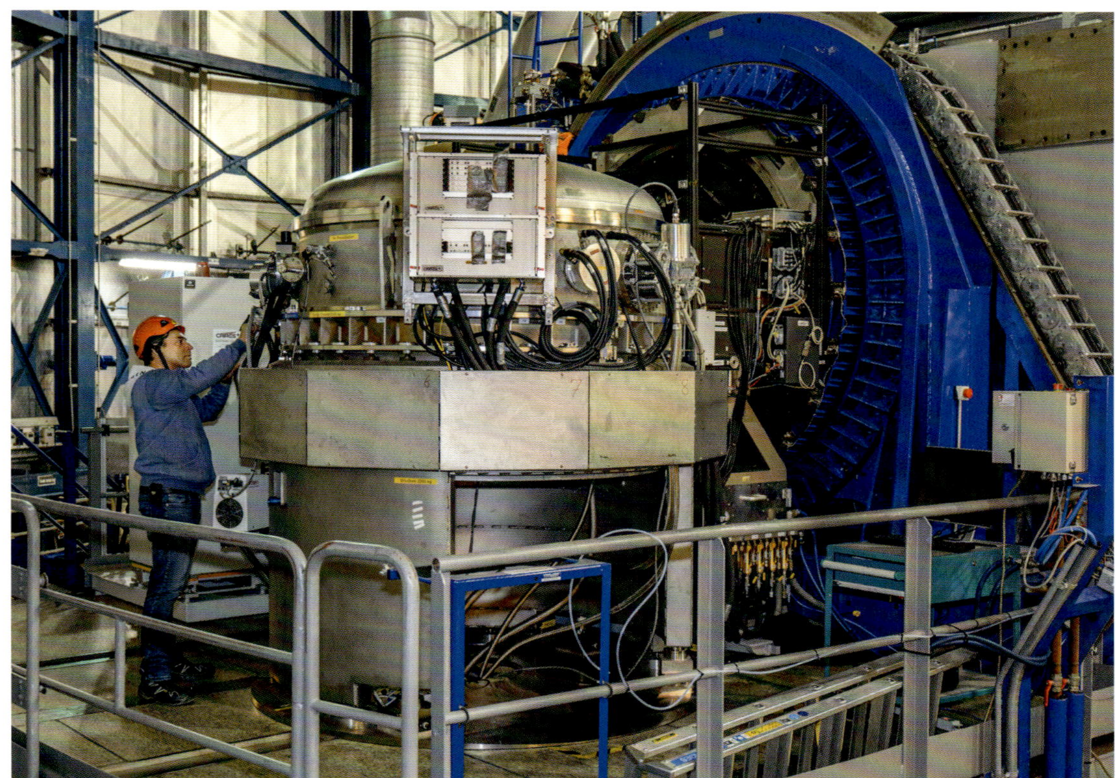

◀ Das Instrument CRIRES+ auf der Nasmyth-Plattform. Das Innere des runden Vakuumgefäßes wird mit Heliumkompressoren auf unter minus 208 Grad Celsius (65 Kelvin) gekühlt, die Detektoren sogar noch darunter.

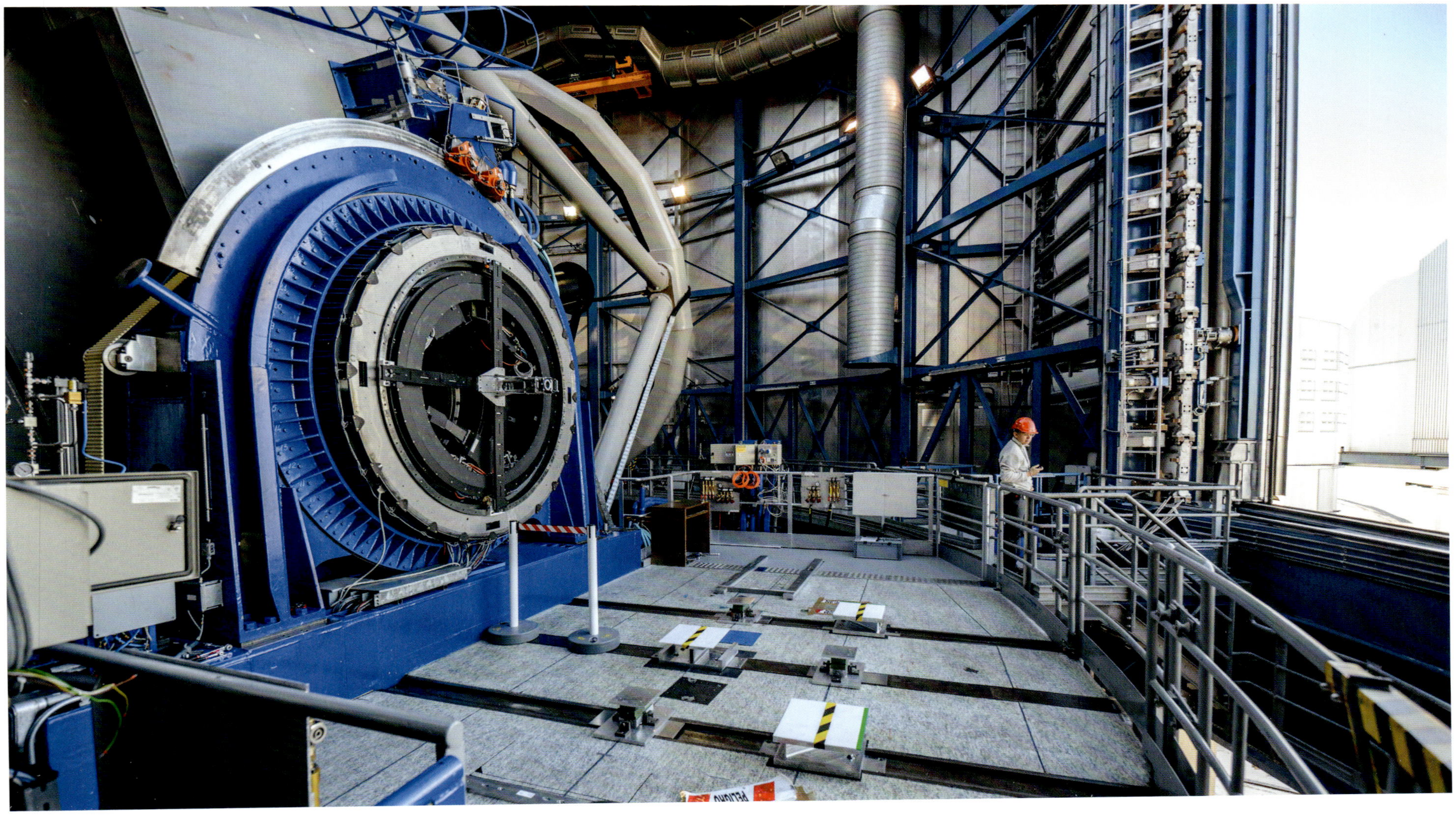

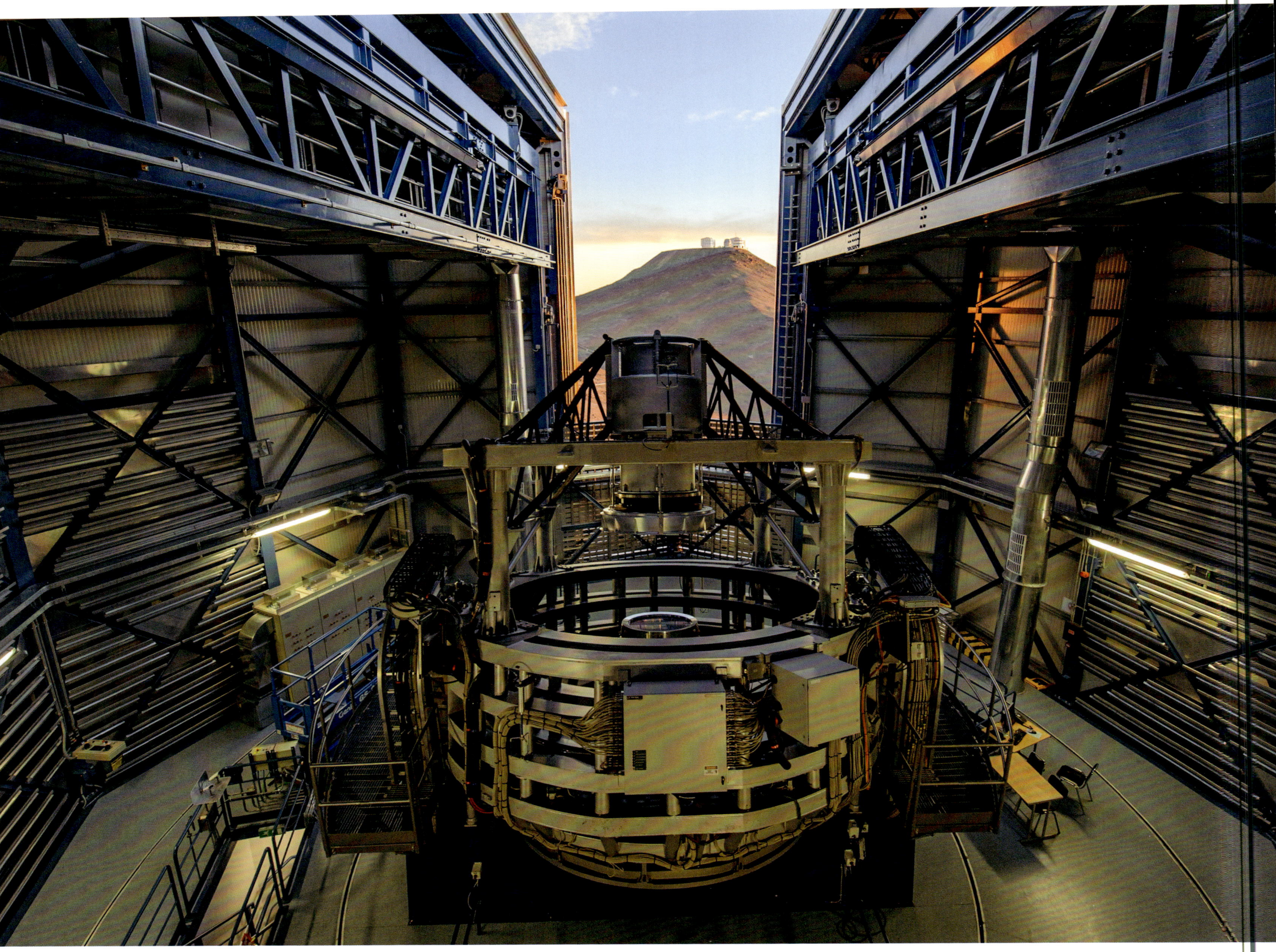

▲ Durch die geöffneten Tore des VISTA-Teleskops ist der Gipfel des Paranal zu erkennen. VISTA ist mit seinem 4,1-Meter-Spiegel das größte Infrarot-Survey-Teleskop der Welt. Survey-Teleskope haben ein relativ großes Blickfeld (bei VISTA entspricht es etwa einem Grad, also dem zweifachen Monddurchmesser), und sind mit Kameras ausgestattet, die mit einem Array aus vielen Bildsensoren bestückt sind.

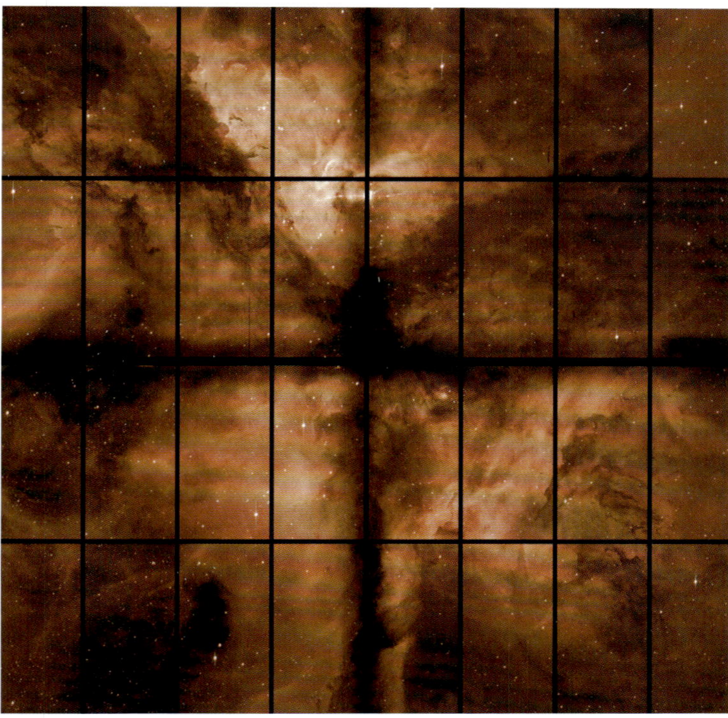

▲ Die Instrumente der Survey-Teleskope erfassen einen viel größeren Himmelsausschnitt als das VLT. Im VST-Instrument OmegaCAM sind 32 Bildsensoren von jeweils acht Megapixeln installiert. Im Bild ist ein Teil des Carinanebels zu sehen, wie es direkt aus der Kamera kommt. Um die Bildlücken zwischen den Sensoren zu füllen, wird ein zweites, leicht versetztes Bild aufgenommen. Ein farbiges Bild erhält man, indem man die Aufnahme mit roten, grünen und blauen Farbfiltern wiederholt und die Bilder überlagert. So entstand das imposante Bild des Carinanebels auf der nächsten Doppelseite.

▶ Das VLT Survey Telescope (VST)

THEMA INSTRUMENTE

Wir haben bereits gesehen, wie ein Teleskop funktioniert und welchen Weg die Photonen über die Spiegel zurücklegen müssen. Aber was ist mit der Kamera? Wo und wie werden die Bilder aufgezeichnet?

Die Instrumente, wie sie von den Astronomen genannt werden, sind am Teleskop-Fokus installiert, also dort, wo das Bild entsteht. Insgesamt sind zurzeit (2023) 18 Instrumente auf Paranal im Einsatz: drei an jedem UT, vier im VLTI-Komplex und je eins am VST und VISTA. Und sie sind tatsächlich weit mehr als nur Kameras. Allein schon ihre schiere Größe ist beeindruckend: Manche sind so groß wie ein kleiner LKW und auch ebenso schwer.

Schaut man sich diese Wissenschaftsmaschinen aus der Nähe an, so sieht man oft nur ein unübersichtliches Gewirr aus Kabeln und Steckern, Schläuchen und Ventilen sowie Metallzylindern, aus denen Nebelschwaden von flüssigem Stickstoff austreten. Daneben stehen ganze Schränke voller Elektronik.

Natürlich haben diese Instrumente die besten Bildsensoren, die es derzeit gibt. Wobei nicht die Pixelanzahl, sondern eher die Pixelgröße zählt. Denn große Pixel sammeln mehr Licht bei weniger Rauschen. Und das ist wichtig, denn in der Astronomie will man oft sehr weit entfernte, extrem lichtschwache Objekte beobachten. Das Problem des Sensorrauschens ist jedem bekannt, der schon einmal versucht hat, mit einer Digitalkamera bei wenig Licht zu fotografieren. Man dreht die ISO-Empfindlichkeit immer höher – mit dem Ergebnis, dass die Bilder immer verrauschter werden. Das Rauschen hat zum großen Teil thermische Ursachen und kann deutlich reduziert werden, wenn der Sensor auf sehr tiefe Temperaturen gekühlt wird. Das geschieht meist mit flüssigem Stickstoff oder bei Infrarotdetektoren mit Helium. Der Sensor wird auf etwa minus 120 Grad Celsius gekühlt, bei Infrarotdetektoren sogar bis auf wenige Grad über dem absoluten Nullpunkt. So verschwindet das thermische Sensorrauschen fast vollständig.

Um diese tiefen Temperaturen zu erreichen und stabil halten zu können, werden der Detektor und Teile des Instruments in ein Vakuumgefäß eingebaut und damit thermisch von der Außenwelt isoliert. So wird auch verhindert, dass der Detektor oder andere Elemente vereisen.

Aber die Detektoren sind nur ein Teil der Instrumente am Ende einer langen Kette von Komponenten wie Linsen, Filter, Prismen, Motoren, Beugungsgitter, Elektronik, Glasfasern, Spiegel, Kalibrationslampen und mehr.

Das Sternenlicht ist praktisch die einzige Informationsquelle, die den Astronomen für ihre Forschung zur Verfügung steht. Auf Paranal nutzen sie dazu jede erdenkliche Information aus dem sichtbaren, infraroten und ultravioletten Licht, soweit es von der Erdatmosphäre durchgelassen wird.

Die Instrumente sind nicht nur in der Lage, sehr detailreiche Bilder von den Himmelsobjekten aufzunehmen. Es wird weit mehr mit den Wellen angestellt: Sie werden gefiltert, polarisiert und gebeugt. Eine sehr wichtige astronomische Beobachtungs-

▲ Das Innere des Instruments SPHERE (Spectro-Polarimetric High-contrast Exoplanet REsearch) bei Labortests in Frankreich vor dem Abtransport zum Paranal.

technik ist dabei die Spektroskopie. Das Licht eines Objekts wird im Instrument in seine Farbanteile zerlegt, um so zum Beispiel mehr über dessen chemische Zusammensetzung zu erfahren. Das geschieht mithilfe von Beugungsgittern – optischen Elementen, in die ein extrem feines Linienmuster eingeschliffen ist. Der Effekt ist von CDs bekannt: Hält man sie in die Sonne, so schillern sie in allen Regenbogenfarben. Mit den Beugungsgittern, auch Gratings genannt, kann das Licht eines Sterns sehr weit aufgefächert und die Spektrallinien detailreich sichtbar gemacht werden. Die Wissenschaftler erhalten damit vor allem Informationen über Temperaturen, chemische Zusammensetzung, Geschwindigkeit im Raum, Rotation und Entfernung eines Himmelsobjekts.

Instrumente wie MUSE (Multi Unit Spectroscopic Explorer, Astronomen sind bei der Namensgebung der Instrumente sehr kreativ) können spektrale Informationen nicht nur von einzelnen Sternen, sondern über das gesamte Bildfeld gleichzeitig aufnehmen. Mit einer genialen Anordnung von Spiegeln wird das Bild in schmale Streifen zerlegt und jeder Streifen auf einen der 24 Detektoren gelenkt. Mit derartigen IFUs (Integral Field Units) werden Spektren von praktisch jedem Bildpunkt aufgenommen. Das Endresultat ist ein sogenannter 3D-Datenwürfel. Wird zum Beispiel das Bild eines Galaxienhaufens aufgenommen, so enthält die dritte Dimension die Spektralinformation jedes einzelnen Bildpunktes. Damit lässt sich mit einer einzigen Aufnahme die Drehbewegung des ganzen Galaxienhaufens, aber auch der einzelnen Galaxien um sich selbst studieren.

Es gibt Instrumente, die Alleskönner sind, während andere hochspezialisiert sind und für ganz spezifische Beobachtungen entwickelt wurden. Letztere sind daher in der Lage, extrem präzise Messungen vorzunehmen. Eine solche Wundermaschine ist ESPRESSO (Echelle SPectrograph for Rocky Exoplanets and Stable Spectroscopic Observations). Wie der Name besagt, ist das Instrument darauf ausgelegt, Exoplaneten zu entdecken, und zwar indirekt durch Messung der sogenannten Radialgeschwindigkeit des Sterns, um den sie kreisen. Jeder Planet verursacht durch seine Gravitation eine mehr oder weniger leichte Wobbelbewegung seines Sterns, die von seiner Masse und Entfernung zum Stern abhängen. Durch den kreisenden Planeten bewegt sich ein Stern periodisch mal etwas auf uns zu und dann wieder von uns weg. Diese Bewegungen sind meist winzig, aber ESPRESSO kann sie messen. Das Instrument ist in der Lage, Radialgeschwindigkeitsänderungen von lediglich zehn Zentimetern pro Sekunde zu erfassen, und zwar mithilfe der Rot- oder Blauverschiebungen der Spektrallinien des Sterns. Dies entspricht in etwa dem Effekt, den unsere Erde auf die Sonne hat. Um diese extreme Messgenauigkeit zu erreichen, muss ESPRESSO thermisch äußerst stabil sein, seine Temperatur wird auf ein Tausendstelgrad konstant gehalten. Es gibt derzeit kein anderes Instrument, das eine solche Messgenauigkeit erreicht. ■

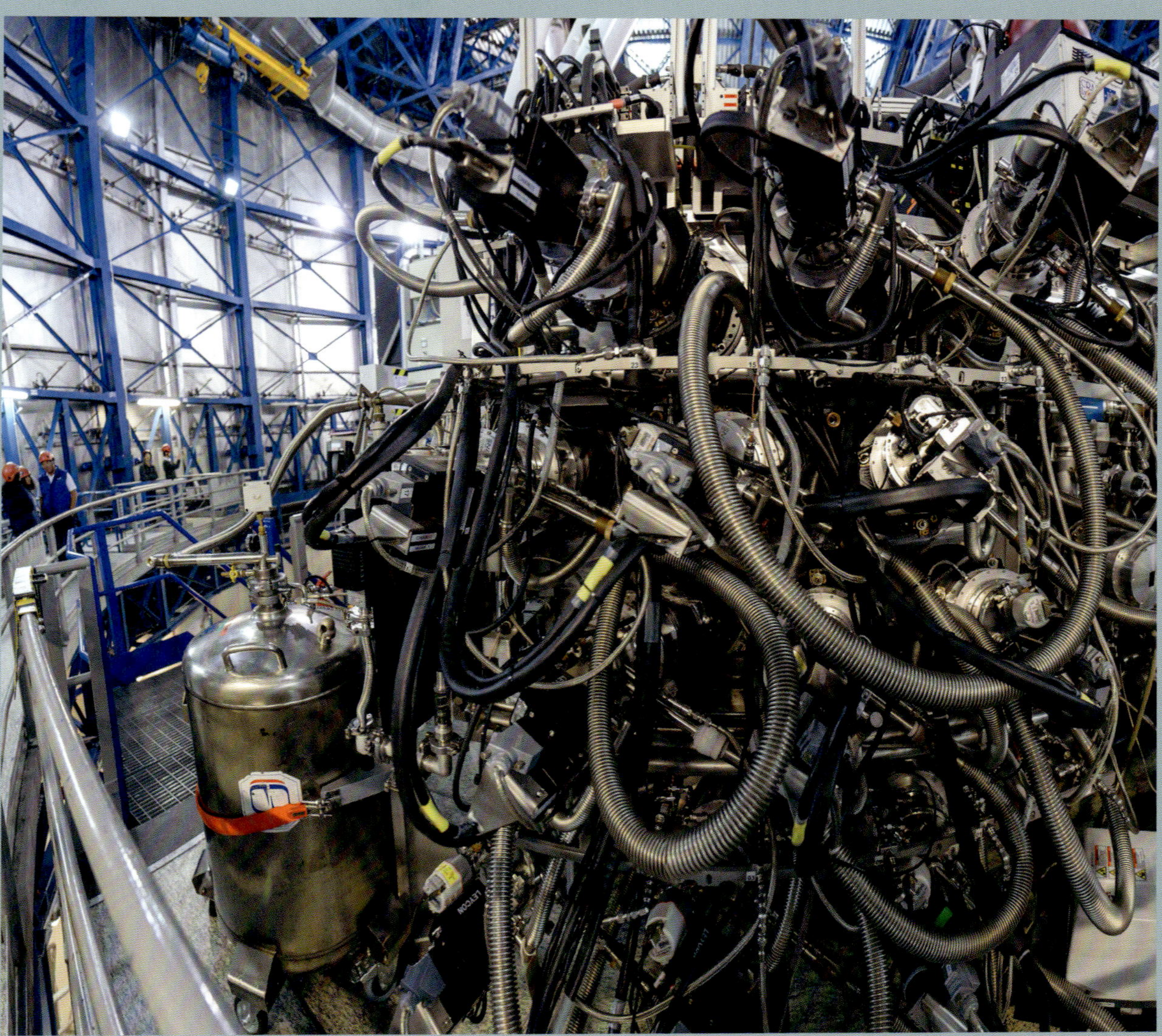

▲ Das Instrument MUSE am UT4, ein Gewirr aus Kabeln, Ventilen und Schläuchen. Dahinter verbergen sich 24 Vakuumgefäße für die 24 Detektoren der 24 Spektrografen. Unten links ein zylinderförmiger Tank für flüssigen Stickstoff zum Kühlen der Detektoren.

WISSENSCHAFT MIT DEM VLT

Die Astronomie hat in den letzten beiden Jahrzehnten immer wieder mit spektakulären Entdeckungen für Schlagzeilen gesorgt: Manche sprechen daher von einem goldenen Zeitalter der Astronomie. Eigentlich gibt es genug Bücher, welche die neuesten Erkenntnisse der Wissenschaftler verständlich erklären, deshalb beschränken wir uns hier auf einige ausgewählte Beispiele.

Aber zunächst: Wie kann man mit dem VLT beobachten? Was muss ein Astronom eigentlich tun, wenn er mit einem der Teleskope eine oder sogar mehrere Nächte forschen möchte?

Astrophysiker aus einem der aktuell 16 Mitgliedsländern der ESO und dem Gastland Chile haben die Möglichkeit, die ESO-Teleskope zu nutzen. Natürlich können sie nicht einfach auf Paranal an die Tür klopfen und loslegen. Beobachtungszeit ist sehr gefragt, und man muss zunächst bei der ESO einen Antrag stellen, in dem die Einzelheiten des Forschungsvorhabens beschrieben werden. Zweimal im Jahr entscheidet ein Komitee darüber, welche der (vielen) Anfragen angenommen werden. Die glücklichen Wissenschaftler, die einen positiven Bescheid erhalten, müssen dann die Beobachtungen im Detail vorbereiten. Die eigentliche Observation am Teleskop wird entweder im Service-Modus oder im Besucher-Modus durchgeführt. Nur im zweiten Fall reist der Forscher tatsächlich zur Sternwarte und ist im Kontrollraum dabei. Die Beobachtungen selbst führen allerdings trotzdem die Astronomen und Operatoren der ESO durch, denn das ist ihre tägliche Arbeit und sie kennen ihre Maschinen bis ins letzte Detail. Es sollen ja keine wertvollen Minuten verloren gehen. Wird im Service-Modus beobachtet, so ist der Antragsteller nicht dabei. Er weiß auch nicht genau, wann seine Beobachtungen durchgeführt werden. Das entscheiden die ESO-Astronomen vor Ort, sie optimieren den Zeitplan und suchen die besten Beobachtungsbedingungen für jedes Programm zeitnah aus. Die Daten werden dem Forscher anschließend online übermittelt. Er braucht also praktisch nicht vom Schreibtisch in seinem Forschungsinstitut aufzustehen.

Eines der aktuell spannendsten Themen sind die Exoplaneten, also Planeten, die um andere Sterne kreisen. Inzwischen sind mehrere tausend bekannt und fast alle wurden auf indirektem Weg entdeckt, z. B. indem Bewegungen des Sterns, den sie umkreisen, mit extrem empfindlichen Instrumenten gemessen werden (siehe „Instrumente" auf Seite 190). Nur sehr wenige konnten bisher tatsächlich direkt sichtbar gemacht werden. Mit SPHERE verfügt das VLT jedoch seit einigen Jahren über ein Instrument, das unter anderem speziell dafür konzipiert wurde, Exoplaneten direkt zu sehen. Das ist deshalb extrem schwierig, da Sterne Milliarden Mal heller sind als deren Planeten. Es gleicht dem Versuch, ein Glühwürmchen direkt neben einem Leuchtturm erkennen zu wollen – und das aus mehreren hundert Kilometern Entfernung. Für die Beobachtung deckt man den Stern im Instrument mit einem sogenannten Korono-

◄ Das Zentrum unserer Milchstraße, aufgenommen im nahen Infrarotlicht mit dem Instrument NACO. Die in diesem Gebiet über viele Jahre gemachten Beobachtungen führten 2020 zum Physik-Nobelpreis.

grafen ab, sodass sein Licht stark abgedunkelt wird. Die Technik ist sehr anspruchsvoll; sie funktioniert aber, wenn die Randbedingungen stimmen. Mit SPHERE gelang es vor Kurzem, das erste direkte Bild von gleich zwei Planeten aufzunehmen, die um denselben Stern kreisen.

Schon länger zurück liegt ein weiteres Highlight der Forschung mit dem VLT. Im Jahr 2004 wurde hier das weltweit erste Foto eines Exoplaneten überhaupt gemacht. Und erst im Januar 2022 wurde mit dem Planetenjäger ESPRESSO auf Paranal ein neuer Planet entdeckt, der um den erdnächsten Stern Proxima Centauri kreist. Er ist mit einem Viertel der Erdmasse der leichteste der mittlerweile drei Planeten (bzw. Planetenkandidaten), die man um diesen Stern kennt.

Weitere hochaktuelle und spannende Forschungsthemen sind die Schwarzen Löcher, das frühe Universum, Dunkle Materie und Dunkle Energie. Von den beiden Letzteren weiß man bisher noch so gut wie nichts, obwohl sie nach heutigem Wissensstand zusammen etwa 95 % des Universums ausmachen. Die Beobachtungen, die zur Verleihung des Physiknobelpreises an Professor Reinhard Genzel im Jahr 2020 geführt haben, wurden zum größten Teil mit dem VLT und dem Interferometer durchgeführt. Das allein wäre schon ein Kapitel wert. Genzel und sein Team beobachten seit drei Jahrzehnten das Zentrum unserer eigenen Galaxie, der Milchstraße. Die Beobachtungen erfolgten anfangs am La-Silla-Observatorium der ESO und seit 2002 am VLT mit den Instrumenten NACO und SINFONI. Seit 2016 wurden die Messungen durch das neue Instrument GRAVITY nochmals deutlich präziser, welches alle vier Teleskope im Verbund benutzt. So konnte der Nachweis erbracht werden, dass sich im Zentrum unserer Galaxie mit ziemlicher Sicherheit ein supermassereiches Schwarzes Loch befinden muss. Es ist unglaubliche vier Millionen Mal so schwer wie unsere Sonne.

Mit GRAVITY konnte im Mai 2018 die extreme Annäherung des Sterns S2 an das Schwarze Loch mit höchster Auflösung im Interferometrie-Modus verfolgt und dessen Geschwindigkeit gemessen werden. Bei seiner größten Annäherung betrug sie sage und schreibe 5000 km/s, ein Sechzigstel der Lichtgeschwindigkeit! ■

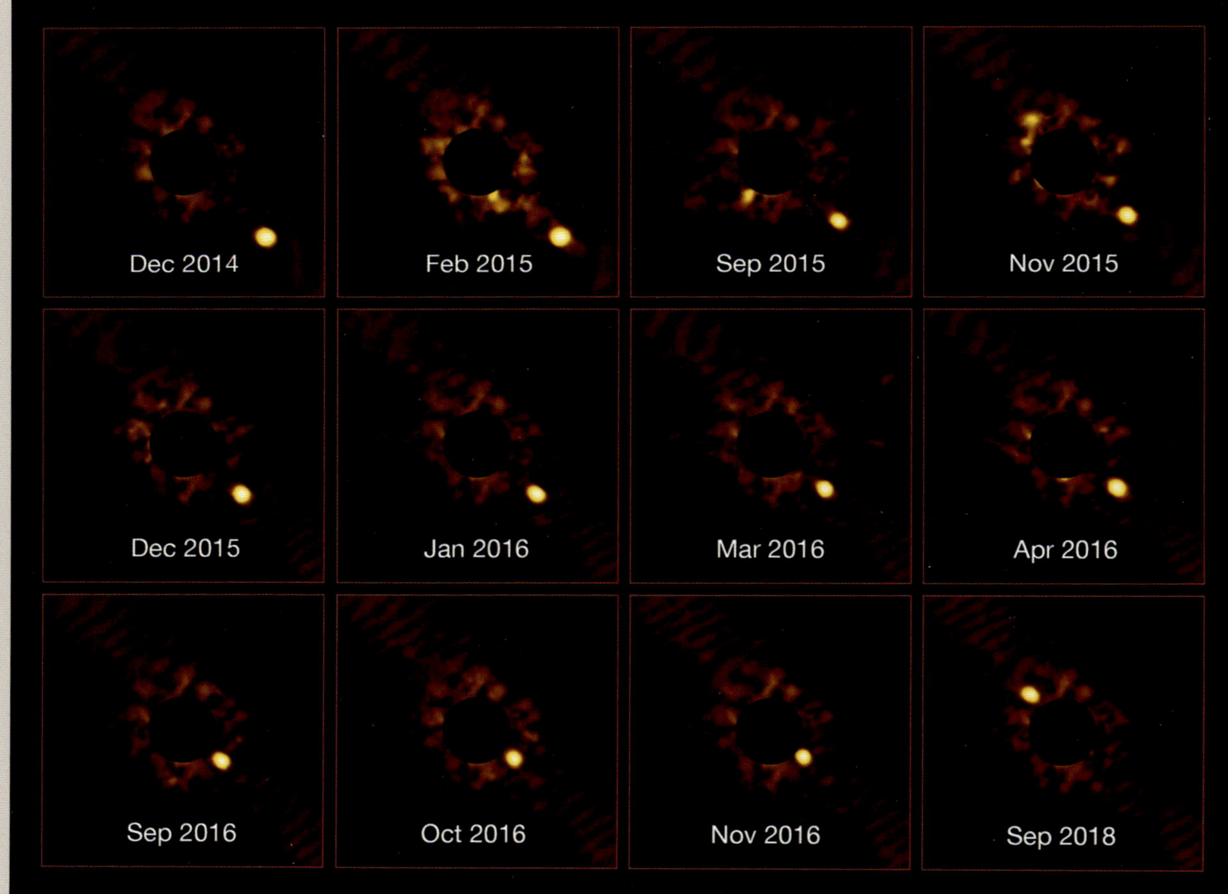

◀ Diese faszinierende Bildsequenz eines Exoplaneten wurde über mehrere Jahre mit SPHERE aufgenommen. Der Stern Beta Pictoris wurde dazu im Instrument abgedeckt, nur so konnte sein Planet Beta Pictoris b sichtbar gemacht werden. Gut zwei Jahre verschwand er hinter seinem Stern und tauchte dann 2018 auf der anderen Seite wieder auf.

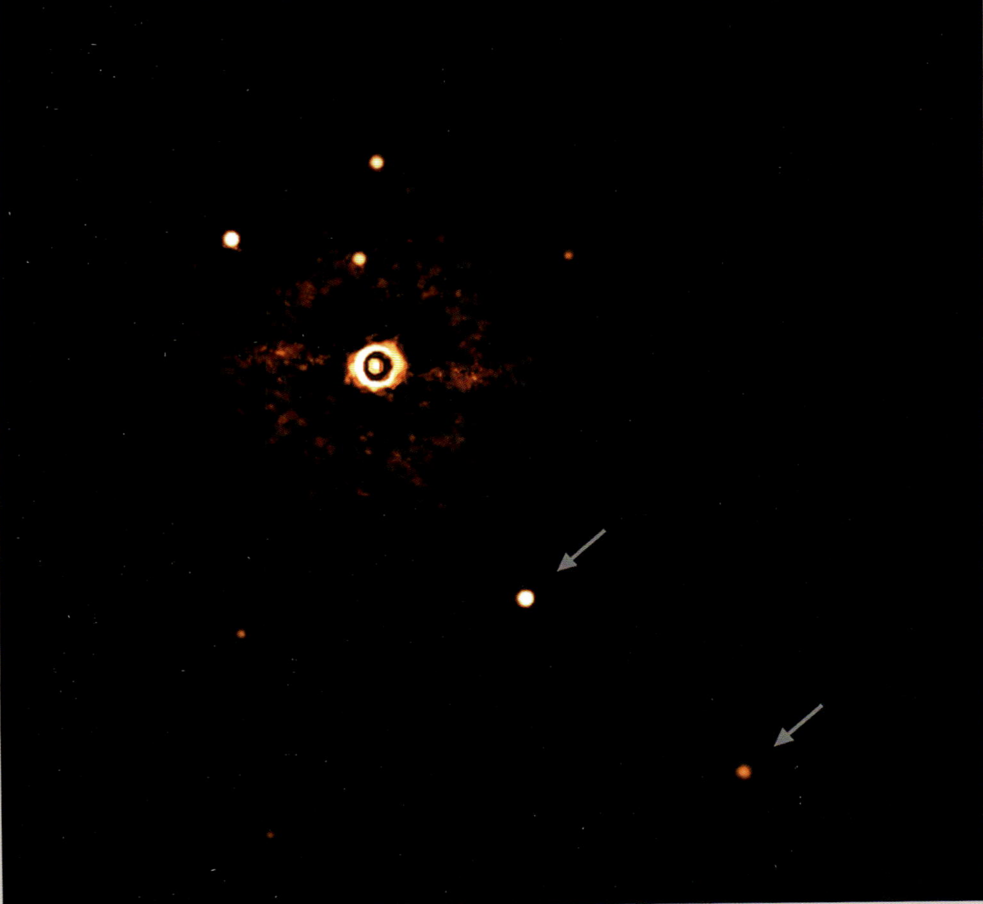

▲ Man hat schon mehrere tausend Exoplaneten identifiziert. Aber wie entstehen sie? Auf diesem Bild, das 2020 mit dem Instrument SPHERE in polarisiertem Licht aufgenommen wurde, ist wahrscheinlich ein Planet in seiner Entstehungsphase „erwischt" worden.

◄ Mit dem Hochkontrastinstrument SPHERE gelang 2020 das erste Bild eines Mehrplanetensystems um einen sonnenähnlichen Stern. Der helle Kreis mit einem Punkt in der Mitte ist der zentrale Stern, der im Instrument mit einer speziellen Technik abgedeckt wurde, da er sonst die beiden Planeten völlig überstrahlen würde. Bei den beiden Planeten handelt es sich um Gasriesen, sie haben die vielfache Masse von Jupiter.

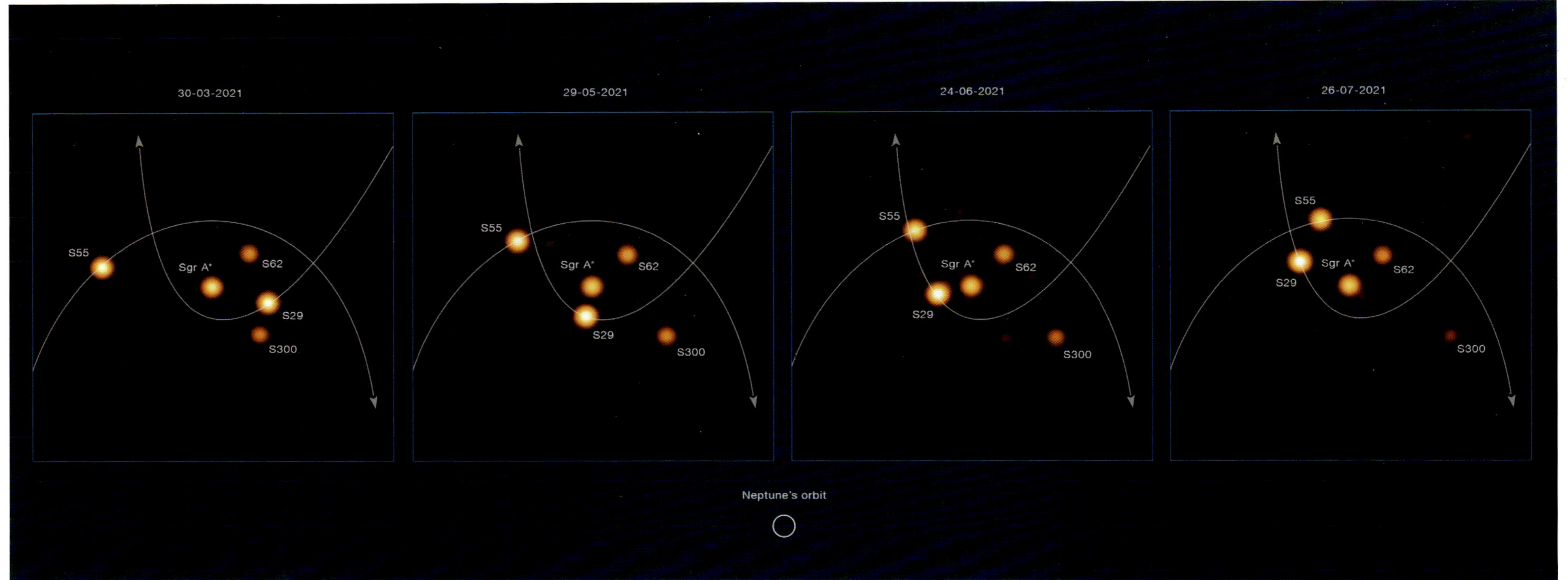

▲ Das sind die bisher besten und schärfsten Bilder, die jemals von der unmittelbaren Nähe des Schwarzen Lochs in unserer Milchstraße gemacht wurden. Sie wurden mit dem VLTI und dem GRAVITY-Instrument aufgenommen und zeigen die Bewegungen der Sterne um das Schwarze Loch über einen Zeitraum von vier Monaten.

◀ Nobelpreisträger Professor Reinhard Genzel am VLT

▶ Das UT4 während einer Beobachtung mit dem Laser PARLA. Der Laser ist genau auf das Zentrum unserer Milchstraße gerichtet, dort, wo sich das Schwarze Loch befindet.

1. CCD-Detektor

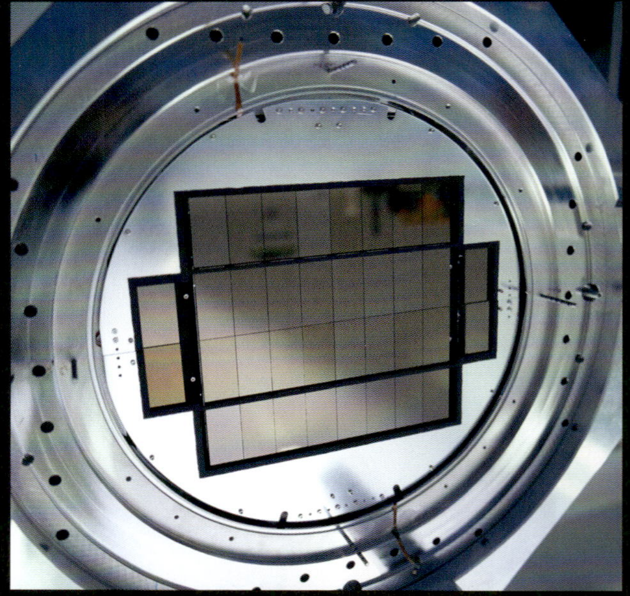

2. Rohbilder

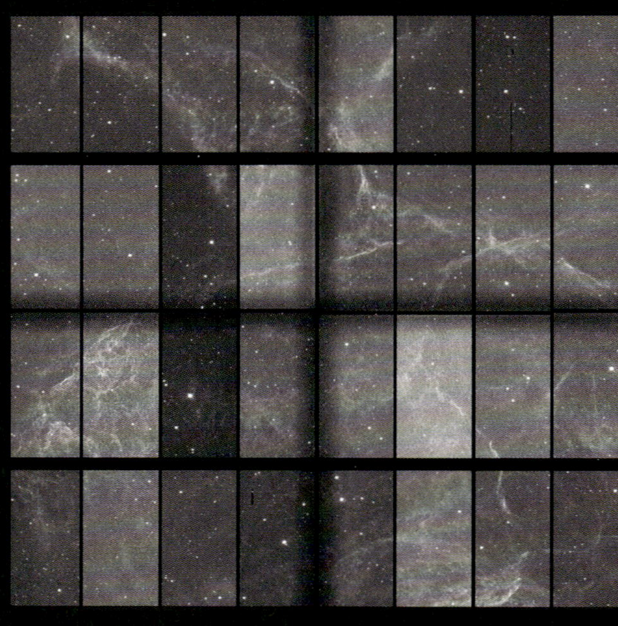

3. Reduzierte Bilder

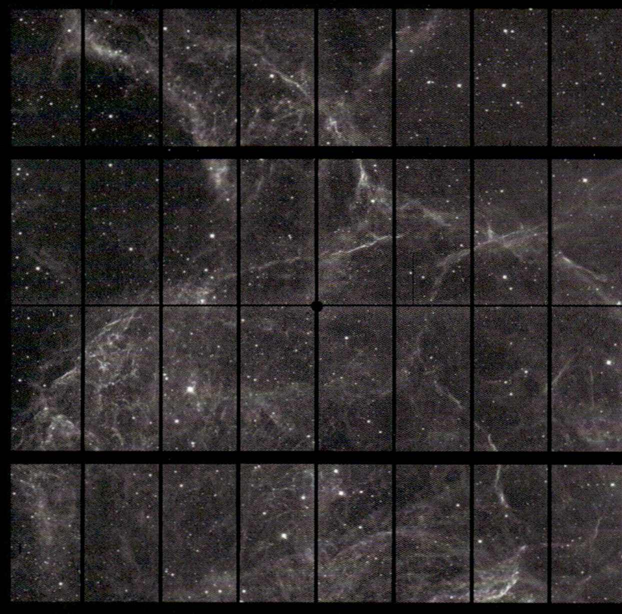

5. Angleichen des Hintergrunds

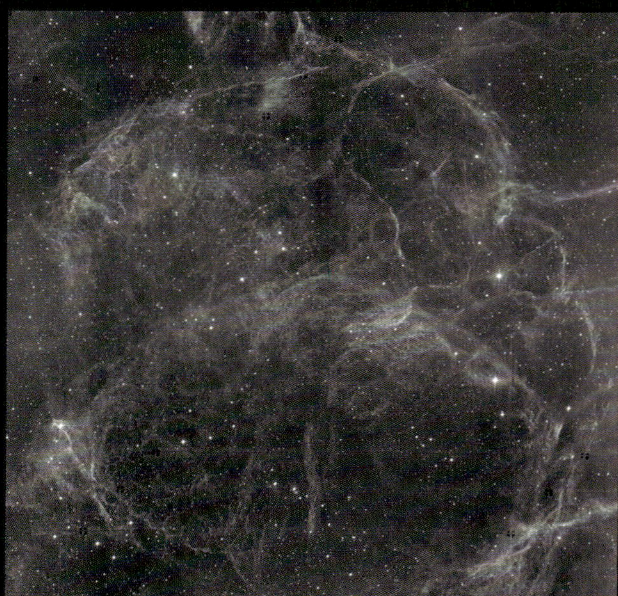

6. Entfernen von Artefakten

7. Zuordnung der Farben

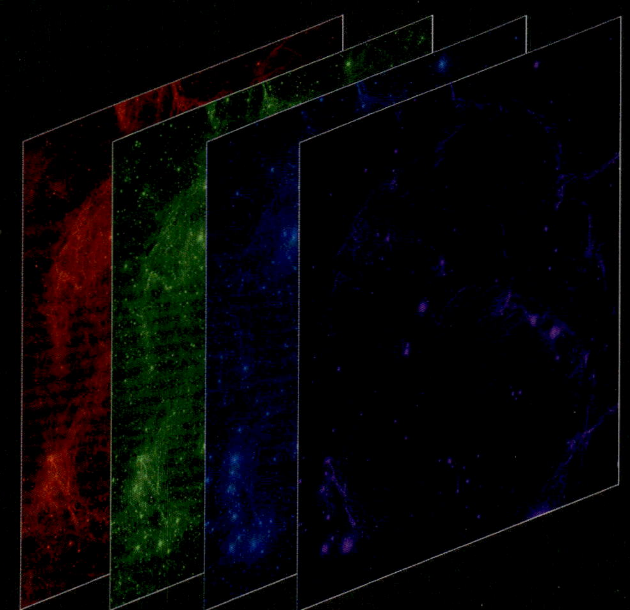

4. Kombination zum Mosaik

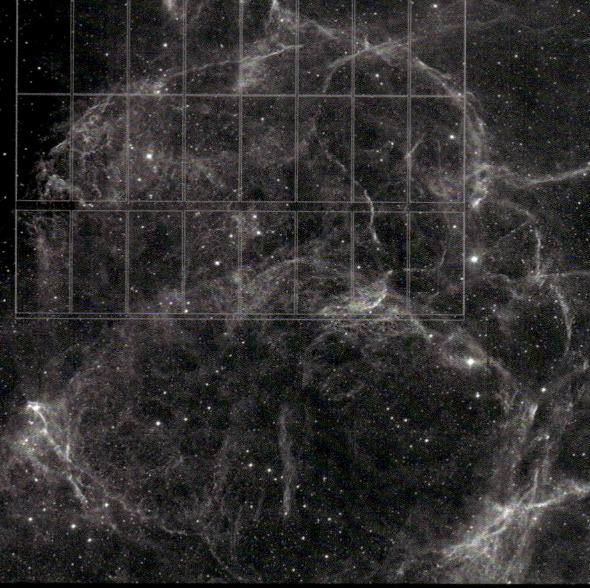

8. Finales Farbbild

THEMA
ASTRONOMISCHE BILDVERARBEITUNG

Wie entsteht aus den mit einem Teleskop aufgenommenen Rohdaten ein eindrucksvolles astronomisches Farbbild? Mit seinen 32 CCDs nimmt das Detektor-Array der 268-Millionen-Pixel-Kamera OmegaCAM am VST-Teleskop die Bilder am Himmel auf. Es sind mindestens vier Aufnahmen mit den vier verschiedenen Farbfiltern nötig. Eine zweite Bildserie mit etwas Versatz am Himmel füllt die Bildlücken zwischen den Detektoren. Dazu kommen noch Kalibrationsaufnahmen. Die Rohbilder enthalten Artefakte, tote Pixel, Schatten oder Helligkeitsunterschiede zwischen den Detektoren. Diese müssen mit Hilfe der Kalibrationsaufnahmen korrigiert werden. Nach dieser sogenannten Datenreduktion erhält man Bild 3 der oberen Reihe.

Soll der Himmelsausschnitt größer als das Detektorfeld sein, so muss ein sogenanntes Mosaik aufgenommen werden, d. h. das Teleskop nimmt weitere Bilder der angrenzenden Region auf. Auch dadurch können die Lücken zwischen den Detektoren ausgefüllt werden. Die Helligkeit des Himmelshintergrundes kann variieren, vor allem, wenn in mehreren Nächten bei unterschiedlichem Mondlicht beobachtet wurde. Auch das muss korrigiert werden. Schließlich werden die Bilder visuell überprüft und eventuelle Fehler zum Beispiel an den Nahtstellen beseitigt.

Der ganze Prozess wird mit allen vier Aufnahmeserien, die mit den verschiedenen Farbfiltern aufgenommen wurden, wiederholt. Den Bildern werden dann die jeweiligen Farben Rot, Grün, Blau und Magenta zugewiesen. Erst dann kann es zum endgültigen Farbbild zusammengesetzt werden. Voilà!

Das Resultat ist auf der folgenden Doppelseite zu bewundern. Vor etwa 11.000 Jahren hat ein massereicher Stern im Sternbild Vela sein Leben in einer gigantischen Supernovaexplosion beendet. Die dadurch verursachten Schockwellen haben in der Folge das Gas in der Umgebung zu Filamenten komprimiert, die wir heute sehen. Mit einer Entfernung von 800 Lichtjahren ist dieser Supernovaüberrest einer der uns am nächsten gelegenen. ■

▲ Galaktischer Tanz: Die zwei miteinander interagierenden Spiralgalaxien tragen den Namen Arp 271. Es wird vermutet, dass die beiden Galaxien in der Zukunft miteinander zu einer einzigen Galaxie verschmelzen werden. Praktisch alle anderen Flecken in dieser Aufnahme, die mit dem Instrument FORS2 aufgenommen wurde, sind ebenfalls Galaxien.

► Dieses Bild der Dreiecksgalaxie (M 33) wurde mit der OmegaCAM des VST aufgenommen und ist eine der detailreichsten Weitfeldaufnahmen, die je von dieser drei Millionen Lichtjahre entfernten Galaxie gemacht wurden. Die Farbaufnahme wurde aus mehreren, mit verschiedenen Filtern aufgenommenen Einzelbildern zusammengesetzt. Sie zeigt sehr deutlich die roten Gaswolken in den Spiralarmen, bei denen es sich um Sternenentstehungsgebiete handelt.

◄ Der Carinanebel. Eines der spektakulärsten Bilder des VLT, aufgenommen mit dem Infrarotinstrument HAWK-I. Im Infrarotlicht werden viele Details sichtbar, die sonst durch Staub- und Gaswolken verdeckt sind. Um dieses großflächige Bild zu machen, wurden mehrere hundert Einzelaufnahmen zu einem Panorama zusammengesetzt.

DER NEUE GIGANT

So wie das Very Large Telescope bei meinem ersten Besuch vor 25 Jahren aussah, zeigt sich derzeit in Sichtweite des Paranal auf dem gut 20 Kilometer entfernten Nachbarberg Cerro Armazones die Baustelle des Giganten der nächsten Teleskopgeneration. Dort baut die ESO gerade das ELT (Extremely Large Telescope). Es wird einen Hauptspiegeldurchmesser von unfassbaren 39 Metern haben und somit bei Fertigstellung das größte Teleskop der Welt sein. Die Kuppel hat einen Durchmesser von 88 Metern, damit würde sie knapp in ein (quadratisches) Fußballstadion passen.

Fährt man auf den Gipfel des 3046 Meter hohen Cerro Armazones, kann man schon die Größe erahnen, die dieser Gigant in wenigen Jahren haben wird. Das First Light des ELT ist für 2028 geplant, es wird die astronomische Forschung auf ein neues Level heben. Bisher haben sich die Spiegeldurchmesser mit jeder neuen Generation „nur" verdoppelt. Beim ELT wird es eine Vervierfachung sein. Der Spiegel wird allerdings nicht wie beim VLT aus einem Guss bestehen, sondern sich aus 798 hexagonalen Segmenten mit einem Durchmesser von jeweils maximal 1,45 Metern zusammensetzen.

Diesen gigantischen Spiegel von fast 40 Metern Durchmesser zu steuern, ist eine enorme technische Herausforderung. Das ELT wird eine Masse von über 4600 Tonnen haben, mehr als das Zehnfache eines der VLT-Teleskope. Einer der Spiegel, der M4, ist mit adaptiver Optik ausgestattet. 5300 Aktuatoren werden 1000-mal pro Sekunde seine Form korrigieren. Mit 2,4 Metern Durchmesser ist er der größte jemals gebaute adaptive Spiegel.

Durch den riesigen M1-Spiegel wird man mit dem ELT zum Anfang des Universums vordringen und Objekte sehen können, die über 13 Milliarden Lichtjahre entfernt sind. Wenn man ein neues Teleskop dieser Größenordnung zum Himmel richtet, dann kann man sicher sein, dass viele neue Dinge entdeckt werden, von denen bisher niemand etwas geahnt hat.

Unter anderem an die Erforschung von Exoplaneten gibt es hohe Erwartungen. Bisher wurden einige tausend davon entdeckt. Aber um mehr über sie zu erfahren, zum Beispiel, um ihre Atmosphären mit Spektrometern zu analysieren und zu erforschen, ob sie eventuell Leben ermöglichen, dazu braucht es ein Teleskop von der Größe des ELT.

Man kann wirklich sehr gespannt sein, welche neuen Entdeckungen mit diesem Teleskop gemacht werden – mit Sicherheit können wir große Überraschungen erwarten.

Und was wird aus dem Very Large Telescope, wenn das ELT seinen Betrieb aufnimmt? Keine Angst, es wird seine Bedeutung noch lange beibehalten. Das VLT ist regelmäßig mehrfach überbucht und die Nachfrage nach Beobachtungszeit an großen Teleskopen ist enorm. Es gibt sehr viele Forschungsgebiete in der Astronomie, für die man nicht unbedingt immer das größte Teleskop der Welt braucht. Und da das VLT technologisch kontinuierlich auf den neuesten Stand gebracht wird, werden die Astronomen noch lange damit beobachten. ■

◄ Über dem Cerro Armazones geht der Vollmond auf, während auf dem Gipfel der Bau des ELT begonnen hat.

▲ 2014 wurde der Gipfel des Cerro Armazones gesprengt und die Kuppe abgetragen. Am Horizont ist der 170 Kilometer entfernte Vulkan Llullaillaco erkennbar, der die Grenze zu Argentinien markiert.

◄▼ Aufnahmen des Cerro Armazones in den Jahren vor Baubeginn. Lediglich eine einfache Serpentinenpiste führte zum Gipfel, auf dem eine ganze Batterie von sogenannten „Site Testing"-Instrumenten installiert war. Über viele Jahre wurden hier Wetter- und Atmosphärenmessungen gemacht, bis schließlich die Entscheidung fiel, das ELT hier zu errichten.

▲ Die VLT-Baustelle auf dem Cerro Paranal im Jahre 1994. Die Fundamente des UT1 sind bereits zu sehen und der Delay-Line-Tunnel des VLTI ist mit weißen Linien markiert.

▲ 24 Jahre später, im August 2018, sieht der Nachbarberg Cerro Armazones ganz ähnlich aus. Die Fundamente für das ELT sind ebenfalls schon zu erkennen. Die Dimensionen allerdings sind ganz andere.

▲ ► Oben und rechts: Die Ausschachtungsarbeiten für das Teleskopfundament. Das Panorama zeigt deutlich, welche Dimensionen das ELT haben wird.

◄ Diese Luftaufnahme der Baustelle des ELT im November 2018 zeigt die bereits fertiggestellte Straße zum Gipfel des gut 3000 Meter hohen Bergs sowie die Fundamente der gigantischen Kuppel.

▲ Die riesige Fundamentplatte für das Teleskop. Auf ihr werden als nächstes die Erdbebendämpfer installiert.

◀ LKW und Kräne auf der Baustelle wirken zwergenhaft. Die Basisplatte für das Kuppelgebäude ist bereits zu erkennen.

▲ Die Stahlarmierung für den festen Teil der Kuppel wächst im Januar 2022 zunehmend in die Höhe.

▲ Die Bodenplatte des Kuppelgebäudes ist auf schwarzen seismischen Isolationselementen aus Spezialgummi gelagert.

▲ Die ELT-Baustelle im Abendlicht. Im Hintergrund die endlose Atacamawüste, auf die der kegelförmige Schatten des Cerro Armazones fällt.

► August 2023: Die Stahlstruktur der rotierenden Kuppel hat bereits die volle Höhe von etwa 80 Metern erreicht und ist damit weit mehr als doppelt so hoch wie ein VLT. Schwindelfreie Arbeiter in einem am Kranhaken hängenden gelben Korb sind nahe der höchsten Stelle damit beschäftigt, die unzähligen Bolzen der Struktur festzuziehen. Im Hintergrund ragt Paranal aus der Bergkette der Küstenkordillere heraus.

ESA

◄ So soll das ELT in einigen Jahren aussehen, wenn es fertig gestellt ist. Eine fotorealistische Computersimulation macht's möglich.

ÜBER DEN AUTOR

Gerhard Hüdepohl fotografiert seit dem 15. Lebensjahr, als er von seinem Vater seine erste gebrauchte, völlig manuelle Spiegelreflexkamera geschenkt bekam.

Der Elektroingenieur war schon in jungen Jahren von Astronomie und noch mehr von der Technik der Teleskope begeistert. 1995 bekam er die Möglichkeit, bei der Europäischen Südsternwarte (ESO) im Assembly-Integration-Verification-Team (AIV) für das im Bau befindliche Very Large Telescope in Chile zu arbeiten. Nach etwas über einem Jahr im ESO-Hauptquartier in Garching zog er 1997 nach Antofagasta in Chile. Dort war er von Anfang an bei der Inbetriebnahme der Teleskope an vorderster Front dabei und dadurch meist in der Poleposition, wenn es etwas Interessantes zu fotografieren gab. 2010 wurde er zum Photo-Ambassador der ESO nominiert. Seine Fotos werden in Zeitschriften, Büchern und Ausstellungen veröffentlicht.

Regelmäßig bereist er Chile vom extremen Norden bis nach Patagonien sowie viele andere Länder, um die letzten Naturparadiese der Erde zu fotografieren.

Webseite: ***www.atacamaphoto.com***
Instagram: ***@atacamaphoto***

ZU GUTER LETZT!

Manche haben ihn schon gesehen, andere glauben, es gäbe ihn gar nicht. Abends bei Sonnenuntergang finden sich auf der Teleskop-Plattform immer ein paar Unentwegte, die auf den „Green Flash" (übersetzt etwa „Grüner Blitz") warten. Aber der Name erweckt falsche Erwartungen, denn es ist eigentlich gar kein Blitz zu sehen. Wenn die Sonne hinter einer weit entfernten, klar definierten Kante untergeht, zum Beispiel über dem Meer oder einem fernen Berg, dann sieht man manchmal im letzten Moment einen grünen Punkt am oberen Rand der verschwindenden Sonne. Der Effekt wird durch Lichtbrechung in der Erdatmosphäre hervorgerufen. Der grüne Rand kann auch schon vorhanden sein, wenn die Sonne noch nicht komplett verschwunden ist, wird dann aber von der noch zu hellen Sonne überstrahlt. Passiert die Lichtbrechung allerdings gerade dann, wenn die Sonne hinter dem Horizont verschwindet, so sieht man für ein bis zwei Sekunden den Grünen Blitz, der noch seltener am Ende sogar ins Blau übergehen kann (rechte Seite oben und Mitte). ■

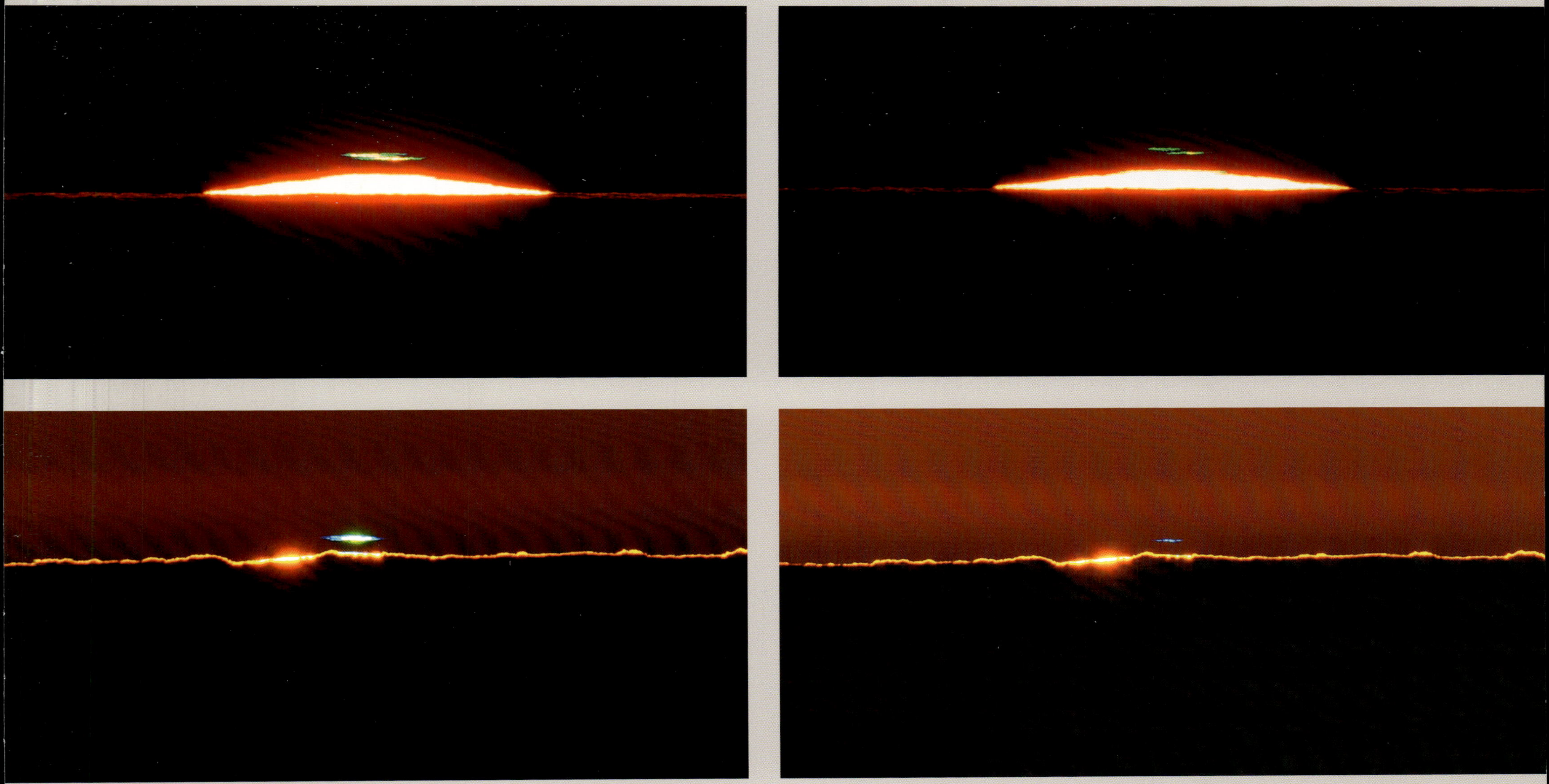

▼ Noch seltener sieht man das Phänomen des „Green Flash" beim Mond. Diese Sequenz hat der Autor frühmorgens beim Monduntergang am Paranal aufgenommen. Es ist eines der ganz wenigen Fotos eines Mond-Green-Flash.

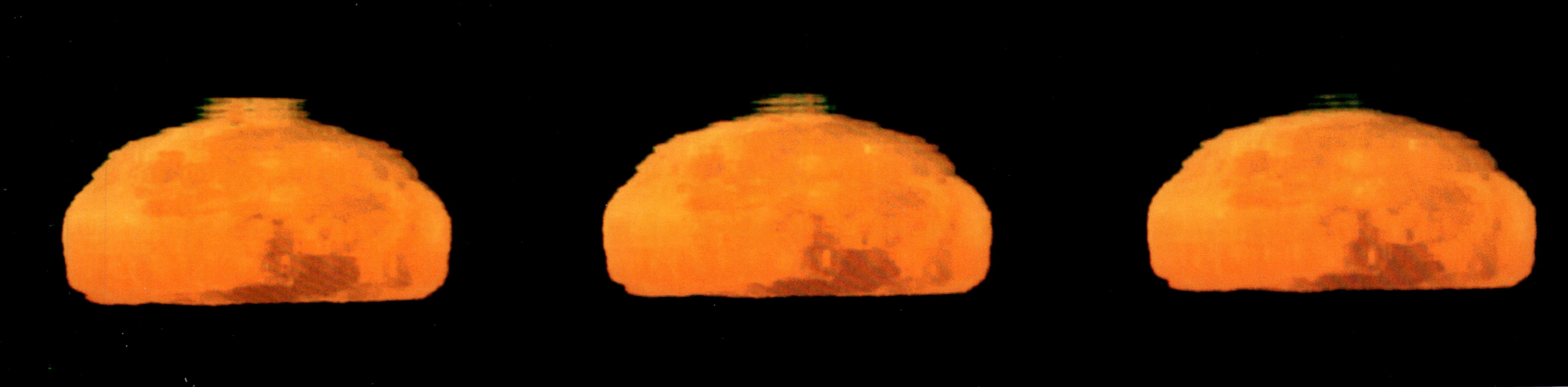

BILDNACHWEIS

Alle Abbildungen außer den nachfolgenden stammen von Gerhard Hüdepohl.
o = oben, u = unten, l = links, r = rechts
Vor- und Nachsatz: ESO; 16/17: ESO; 19: ESO/M. Zamani; 24: KOSMOS Verlag/Kartografie; 25: ESA/NASA/Claude Nicollier; 38: ESO; 39 l: ESO; 39 r: Gerhard Weiland/Kosmos nach ESO; 43 o: ESO/Hans-Hermann Heyer; 52: ESO; 53 o: ESO; 53 u: ESO; 78 o: ESO/Hans-Hermann Heyer; 88: ESO/Hans-Hermann Heyer; 90/91: ESO/G. Beccari; 95 o: Gerhard Weiland/Kosmos nach ESO/S. Kammann (LJMU); 95 u: ESO; 102: ESO/Max Alexander; 105 u: ESO; 106 o: ESO/K. Ohnaka; 106 u: ESO; 107: ESO/S. Kraus et al., M. McCaughrean et al. (AIP); 109 o: ESO; 109 u: Gerhard Weiland/Kosmos nach ESO; 121 u: ESO; 161: ESO/QUANTUM OF SOLACE/© 2008 Danjaq, United Artists, CPII., 007 TM and related James Bond Trademarks, TM Danjaq; 160 ur: L. Honnorat/ESO; 187 l: ESO; 188/189: ESO. Acknowledgement: VPHAS+ Consortium/ Cambridge Astronomical Survey Unit; 190: SPHERE Project/ESO/J.-L. Beuzit; 192: ESO/S. Gillessen et al.; 194: ESO/ Lagrange/SPHERE consortium; 195 o: ESO/Boccaletti et al.; 195 u: ESO/Bohn et al.; 196 o: ESO/GRAVITY collaboration; 196 u: ESO; 198/199 und 200/201: ESO/M Kornmesser/VPHAS+ team. Acknowledgement: Cambridge Astronomical Survey Unit; 202: ESO; 203: ESO; 204/205: ESO/T. Preibisch; 210: ESO/H. Zodet; 218/219: ESO. Nachsatz innen: ESO.

IMPRESSUM

Umschlaggestaltung von Büro Jorge Schmidt, München, unter Verwendung von Aufnahmen von Gerhard Hüdepohl und der ESO (Rückseite rechts).

Mit 250 Farb- und Schwarzweißfotos und sieben Zeichnungen

Unser gesamtes Programm finden Sie unter **kosmos.de.**
Über Neuigkeiten informieren Sie regelmäßig unsere Newsletter, einfach anmelden unter **kosmos.de/newsletter**

Gedruckt auf chlorfrei gebleichtem Papier

ISBN 978-3-440-17803-4
Redaktion: Sven Melchert, Michael Geymeier
Gestaltung und Satz: Claudia Adam Graphik-Design, Bad Kreuznach
Produktion: Ralf Paucke
Druck und Bindung: Print Consult GmbH
Printed in Slovakia/Imprimé en Slovaquie

MIX
Papier aus verantwortungsvollen Quellen
FSC® C084279

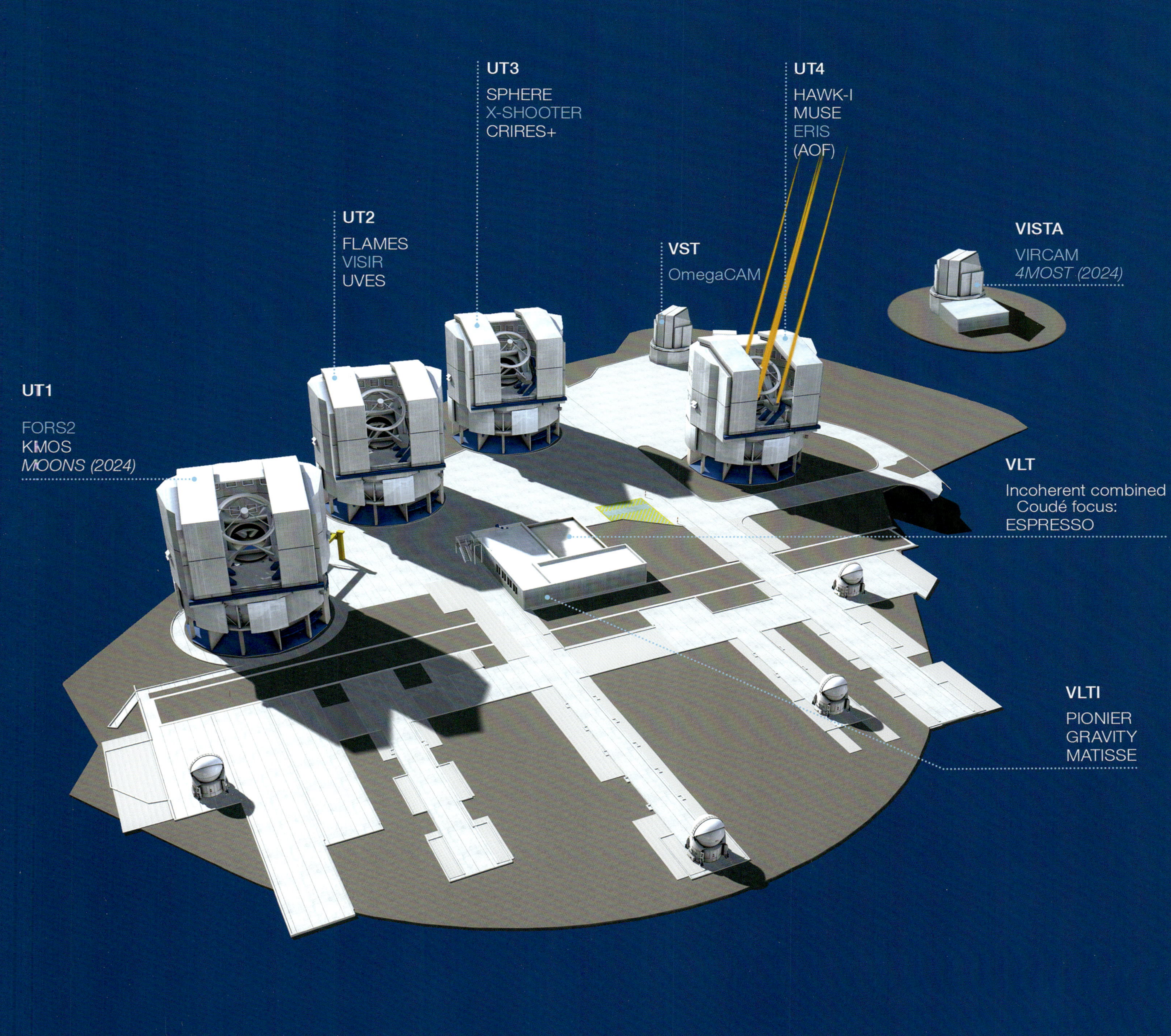

UT1
FORS2
KMOS
MOONS (2024)
UT2
FLAMES
VISIR
UVES
UT3
SPHERE
X-SHOOTER
CRIRES+
UT4
HAWK-I
MUSE
ERIS
(AOF)
VST
OmegaCAM
VISTA
VIRCAM
4MOST (2024)
VLT
Incoherent combined Coudé focus:
ESPRESSO
VLTI
PIONIER
GRAVITY
MATISSE